EIWEISSKÖRPER UND KOLLOIDE

ZWEI VORTRÄGE FÜR BIOLOGEN UND CHEMIKER

VON

PROFESSOR Dr. WOLFGANG PAULI
VORSTAND DES INSTITUTES FÜR MEDIZINISCHE
KOLLOIDCHEMIE DER UNIVERSITÄT WIEN

MIT 20 ABBILDUNGEN IM TEXT

Springer-Verlag Berlin Heidelberg GmbH

1926

ALLE RECHTE, INSBESONDERE DAS DER ÜBERSETZUNG
IN FREMDE SPRACHEN, VORBEHALTEN

ISBN 978-3-7091-2139-9   ISBN 978-3-7091-2183-2 (eBook)
DOI 10.1007/978-3-7091-2183-2

Vorwort

Die zwei hier abgedruckten Vorträge, von denen der erste „Die Eiweißkörper als Kolloide" vor Ärzten, der zweite „Über den Aufbau der anorganischen Kolloide" im Mai 1925 über Einladung der Universität Laibach (Ljubljana, S. H. S.) vor Studierenden der Chemie gehalten wurde, können nur ein allgemeines Bild unserer Anschauungen sowie der im Laufe der Zeit, durch die hingebungsvolle Mitarbeit meiner Assistenten J. Matula, M. Spiegel-Adolf und Em. Valkó und zahlreicher Schüler, auf dem Boden derselben gewonnenen Erfahrungstatsachen geben. Unsere Auffassung vereinigt zwei Prinzipien: die Rolle chemisch-konstitutiver Umstände mit der Bedeutung elektrostatischer Wechselwirkungen beim Aufbau und den Reaktionen der Kolloide, indem sie deren Zusammenhang aufweist. Sie bedarf naturgemäß in zahlreichen Einzelheiten der Ergänzung.

So sind im ersten Vortrag vorläufig die Vorstellungen von K. Fajans über die Bedeutung der Elektronendeformation nicht berücksichtigt, da unsere Prüfung ihrer Rolle bei den Kolloidreaktionen noch nicht zum Abschluß gebracht ist. Auch die Funktion der homöopolaren Bindung, ihr Wechselverhältnis zur heteropolaren Struktur konnte zurzeit noch nicht zur Besprechung gelangen, wiewohl hier wichtige Beziehungen zu den Kolloidreaktionen bestehen.

Im zweiten Vortrag kam (ebenso wie im ersten) die Rolle des Feinbaues der komplexen, aufladenden Ionen der Solteilchen bei den Kolloidreaktionen nicht zur Erörterung.

Entsprechend dem Gange der Arbeiten am Institute sollen deren allgemeine Ergebnisse in weiteren Vorträgen, an diese anschließend, ihre Darstellung finden.

Wien, im April 1926

Wolfgang Pauli

Die Eiweißkörper als Kolloide

1. In der Kolloidchemie bilden die am meisten charakteristischen Bestandteile des Organismus eine mächtige Gruppe und die Substanzen dieser Gruppe zeigen in ihrem allgemeinen Verhalten wiederum eine außerordentliche Verwandtschaft mit den kolloiden Stoffen der anorganischen Chemie. So darf man heute die Kolloide als ein wichtiges, vielleicht das bedeutungsvollste Bindeglied der organischen und anorganischen Welt bezeichnen. Wohl leitet diese Verbindung zunächst nur zu der rein chemischen und physikalischen Seite der Lebensvorgänge, aber indem sie uns zugleich, wie wir sehen werden, Grundfragen, wie die feinere Lokalisation und Organisation des chemischen Geschehens, in neuer Beleuchtung zeigt, erschließt sie auch der experimentellen Forschung an der lebenden Zelle neue Bahnen.

Vor 20 Jahren, als eben nur die auffälligsten Gesetzmäßigkeiten in seinem Gebiete festgelegt waren, mußte sich der Kolloidchemiker begnügen, auf die zahlreichen allgemeinen Beziehungen zu den Fragen der Physiologie und Pathologie hinzuweisen. Und in dieser Art war jene Übersicht gehalten, die ich damals auf Anregung unseres weitblickenden, unvergeßlichen Richard Paltauf in der Jahressitzung unserer Gesellschaft geben durfte. Inzwischen hat die Kolloidchemie einen weiten Weg schwieriger und mühevoller Einzelarbeit zurückgelegt, sie hat ihr Rüstzeug an experimentellen Methoden und an Theorien vervollkommnet, unsere Vorstellungen von der Kolloidkonstitution und den Kolloidreaktionen haben an Schärfe gewonnen. So scheint die Hoffnung nicht verfrüht, daß die Kolloidchemie in ihrer neuen Gestalt auch eine neue Blüte ihrer Anwendungen auf Biologie und Medizin hervorbringen wird. Erwartungen solcher Art darf ich es wohl zuschreiben, wenn ich Ihrer ehrenden Einladung folgend in der heutigen Jahressitzung über einige Fortschritte auf meinem engeren Arbeitsgebiete berichten darf.

2. Versuchen wir zunächst die auffälligsten Merkmale eines lösungsstabilen, anorganischen Kolloids, etwa eines Eisenhydroxydsols, herauszuheben, so sind dies in erster Linie die polymolekulare Zusammensetzung der Teilchen. Denn der Teilchendurchmesser bei Kolloiden beträgt das 3 bis 300fache des Durchmessers einfacher Moleküle und das würde ungefähr bis 36 Millionen Molekülen pro Teilchen ent-

---

*) Festvortrag, gehalten in der Jahressitzung der Gesellschaft der Ärzte in Wien am 19. März 1926.

sprechen. Das zweite Charakteristikum bildet das **Verharren auf einem bestimmten Zerteilungsgrad**, d. h. in einem stabilen Sol darf weder eine zeitliche Wiederauflösung der Teilchen in einfache Moleküle, noch eine fortschreitende Ausfällung durch Wachstum, oder Aggregation der Teilchen, wie bei der Bildung von Niederschlägen, erfolgen. Das Kolloid steht also mit seinen Eigenschaften zwischen einem unlöslichen und einem löslichen Körper, oder, anders ausgedrückt, es vereinigt die Eigenschaften dieser beiden in einer bestimmten Weise. Wie kommt nun ein solches Verhalten zustande?

Zum Verständnis desselben wollen wir einmal, dem gegenwärtigen Stande unserer Erfahrung besser entsprechend, es versuchen, nicht so sehr die Besonderheiten der Kolloide, alles sie von den anderen Stoffen trennende, sondern die mit ihnen gemeinsamen Beziehungen stärker zu beachten. Damit wird sowohl ein umfassenderer Überblick über die Erscheinungen gewonnen, als auch der Anschluß an die modernen umwälzenden Anschauungen über den Atombau, die das Verhältnis von Chemie und Physik auf neue Grundlagen gestellt haben.

Wie Sie wissen, denken wir uns heute mit Rutherford und Bohr die Atome aus einem winzigen positiven Atomkern aufgebaut, um welchen die Elementarquanten der Elektrizität, die negativen Elektronen, auf planetarischen Bahnen kreisen. Das Volumen der Atome ist nicht etwa durch die Masse der Elektronen bestimmt, die für jedes Elektron zirka $1/_{2000}$ des kleinsten Elementes, des H, beträgt, sondern in Abhängigkeit von der weit größeren Amplitude der Elektronenbahnen. Mit steigendem Atomgewicht der Elemente wächst die Anzahl ihrer Elektronen. Sie stimmt genau mit ihrer Ordnungszahl (OZ) im periodischen System der Elemente überein. So kreisen im sechsten Element, dem C, 6 Elektronen, im letzten, dem Uran, 92 Elektronen.

Bestimmte Zahlen und Gruppierungen der Elektronenbahnen werden nun besonders stabile Anordnungen derselben gestatten. Elemente solcher Art bilden die Reihe der Edelgase: Helium (He), Argon (Ar), Neon (Ne) usw., deren Elektronenstabilität sich in einer außerordentlichen, chemischen Trägheit äußert, in ihrer geringen Fähigkeit, Verbindungen zu bilden. Alle übrigen Elemente, die sich zwischen den Edelgasen einordnen, erweisen sich als weit reaktionsfähiger. Nach Walter Kossel wird das Verhalten dieser Elemente aus der Annahme verständlich, daß sie besonders leicht in jene Gleichgewichtslage übergehen, welche der Elektronenfiguration des im System nächststehenden höheren oder niederen Edelgases entspricht. Sie werden also, sobald es die Umstände zulassen, entweder soviel Elektronen aufnehmen oder so viele abgeben, als zur Angleichung an die Ordnungszahl eines der benachbarten Edelgase erforderlich ist. Betrachten wir z. B. den N mit der OZ 7, das nächsthöhere Edelgas ist Ne mit der OZ 10, N muß daher noch drei Elektronen, also drei negative Ladungen aufnehmen, um die stabilere Edelgaskonfiguration zu erreichen. Das entspricht in der Tat seiner Valenz im Ammoniak NH_3 (Abb. 1). Das dem N zunächst gelegene niedere Edelgas ist He mit der OZ 2, das N-Atom muß also, um sich dem He anzugleichen, fünf Elektronen abgeben, d. h. zum fünffach positiven Ion werden, das geschieht z. B. bei der Bildung der Salpetersäure HNO_3 mit dem zweifach negativen Sauerstoff (Abb. 1). An zahlreichen Beispielen läßt sich auf diese Weise zeigen, wie die Entstehung von Ionen aus den Atomen derart erfolgt, daß zweierlei Elemente ihre Elektronen abtauschen, wobei durch Elektronenabgabe auf der einen Seite ebenso viele positive Ionenladungen entstehen, als negative durch Elektronenaufnahme auf der anderen Seite. Verbindungen dieser Art kann man sich durch die elektrostatischen Anziehungskräfte ihrer Ionen zusammengehalten denken. Sie werden als **heteropolar** bezeichnet.

3. In den folgenden Ausführungen wollen wir die Ionen zunächst als geladene Kugeln betrachten, die von einem elektrischen Felde umgeben sind, und denken uns solche elementare einwertige Ionen, z. B. Na und Cl durch Auflösung von Kochsalz in Wasser gebracht. Das

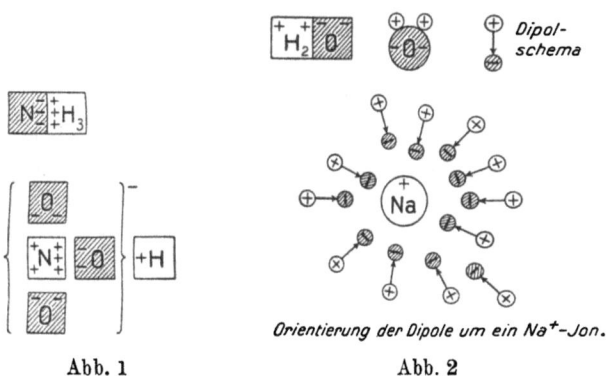

Abb. 1   Abb. 2

Wassermolekül selbst ist bekanntlich heteropolar aufgebaut, indem darin das zweifach negative O-Ion mit zwei positiven H-Ionen zu einem nach außen elektrisch neutralen Molekül verbunden ist. Trotzdem wird es im elektrischen Felde Kraftwirkungen erfahren. Man kann sich nämlich, ähnlich wie bei Massen den Schwerpunkt, auch die positiven und negativen Ladungen eines heteropolaren Moleküls in je einem Mittelpunkt vereinigt denken. Sind nun die einen Ladungen streng gleichförmig, wie wir sagen, isotrop im Raume um die anderen angeordnet, dann fallen die positiven und negativen Ladungsmittelpunkte in einem Punkte zusammen. Wo dies nicht der Fall ist, sprechen wir von **Dipolen**. Die Wassermoleküle sind nun nach zahlreichen Erfahrungen solche Dipole (Debye), wie dies schematisch die Abb. 2 anzeigt. Diese Dipole werden nun in den Feldern der Na- oder Cl-Ionen der Kochsalzlösung eine Orientierung erfahren, indem sie den positiven Ionen die negativen Endpunkte, den negativen Ionen die positiven Endpunkte ihrer Dipolachsen zukehren werden (Abb. 2). Jede Bewegung der Ionen muß nun eine Drehung der Dipole hervorrufen. Diese Drehung der

Dipole wird jedoch durch die innere Reibung des Wassers gehemmt, wodurch wieder eine elektrostatische Bremswirkung auf alle Ionenverschiebungen erfolgen muß. Eine Reihe von Erfahrungen, die man früher als Ionenhydratation infolge Bildung von echten Verbindungen der Ionen mit dem Wasser angesehen hat, werden durch diese von M. Born stammende elektrostatische Theorie zum Teil auch quantitativ verständlich gemacht. Wir erkennen ferner, daß unter sonst gleichen Umständen mit steigender Ladung oder Wertigkeit der Ionen auch stärkere Hydratationswirkungen dieser Art auftreten werden, und ebenso müssen ceteris paribus Ionen von kleinerem Volum an ihrer Oberfläche ein stärkeres elektrisches Feld, also stärkere Polarisierung der Wasserdipole bewirken als Ionen mit größerem Radius.

Nähern sich nun in der Lösung zwei entgegengesetzte Ionen einander, so wird jedes die zwischen beiden befindlichen Dipole des Wassers in entgegengesetztem Sinne zu orientieren versuchen. Unter passenden Bedingungen werden sich diese Wirkungen kompensieren. Es wird eine mehr oder minder vollständige wechselseitige Dehydratation, eine Wasserberaubung der Ionen erfolgen. Wenn wir eine Elektrolytlösung zunehmend sättigen, z. B. den Gehalt an Na und Cl-Ionen ständig erhöhen, so werden auch immer mehr entgegengesetzt geladene Ionen in molekularer Wirkungsnähe zusammentreffen und einander dehydratisieren. Aus einer übersättigten Lösung treten schließlich die Ionen im Kristall vereinigt aus. Daß die Kristalle heteropolarer Verbindungen aus ihren Ionen aufgebaut sind, welche in bestimmten Abständen an charakteristischen Punkten des sogenannten Raumgitters sitzen, ist eine der wichtigen Erkenntnisse, die wir der Röntgenanalyse verdanken. Wir wollen also festhalten, daß der Vereinigung von Ionen und ihrem Austritt aus der Lösung eine Dehydratation im Sinne der Beseitigung der Bornschen Dipolwirkungen vorausgehen muß.

4. Die beschriebene Bildung eines kristallinischen Niederschlags ist somit ein Weg, auf welchem ein — wenigstens im chemischen Sinne — polymolekulares Gebilde entsteht. Heteropolare Moleküle können aber noch in einer anderen Weise zusammentreten. Betrachten wir einen einfachen Fall, die Reaktion der zwei heteropolaren Moleküle Ammoniak und Salzsäure zu Salmiak $NH_3 + HCl \rightarrow NH_4Cl$. Das gebildete NH_4Cl zerfällt in der Lösung in die Ionen NH_4^+ und Cl^-. Das bedeutet im Sinne der Vorstellungen von W. Kossel ausgedrückt: Sämtliche positiven H-Ionen haben sich in dem starken elektrostatischen Feld des dreifach negativen N um dieses als Zentralion versammelt, zugleich wird das negative Cl-Ion vom gleichnamigen N $---$ abgestoßen und vollständig dissoziiert (Abb. 3). Wir nennen solche Molekülverbindungen mit Werner Komplexverbindungen. NH_4 ist zum Unterschiede von den einfachen oder elementaren Ionen ein Komplexion.

Maßgebend für die Entstehung eines Komplexions ist das Vorhandensein eines genügend starken Feldes, in welchem eine stabile räumliche Anordnung der entgegengesetzten Ionen (bzw. ihrer Mittellagen) möglich ist. Das Zentralion sitzt in der Mitte, bei vier koordinierten, umgebenden

Ionen kann man diese in den Ecken eines Tetraeders, bei sechs in den Ecken eines Oktaeders, bei acht in den Ecken eines Würfels angeordnet denken. Und das sind in der Tat die häufigsten Koordinationszahlen der Ionen in der ersten Sphäre um das Zentralion.

Ein zweites Beispiel läßt uns noch eine andere Seite der Komplexbildung erkennen. Das zweiwertige Ferroion bildet mit dem Zyanion das unlösliche Ferrozyanid $FeCy_2$. Im Überschuß von KCy löst sich dieses zu Ferrozyankali nach der Gleichung

$$FeCy_2 + 4\,KCy \rightarrow [FeCy_6]^{----} + 4\,K^+ \quad \text{(Abb. 4)}.$$

Dabei ist das vierfach negative komplexe Ferrozyanion entstanden. Ein unlösliches Molekül ($FeCy_2$) ist hier ionogen gemacht worden, es hat durch die im Felde des Ferroions hinzugekommenen Zyanionen eine starke Aufladung empfangen und infolge der begleitenden mächtigen Hydratation ist eine sehr lösliche Verbindung entstanden. In diesem

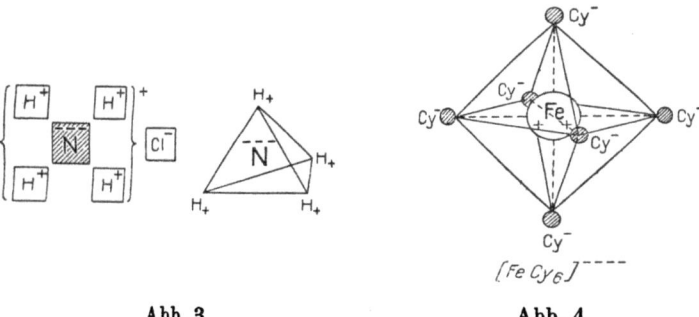

Abb. 3   Abb. 4

Vorgange können wir in einem gewissen Sinne das Urbild für die Entstehung der meisten anorganischen Kolloide erblicken.

5. Wir wollen uns nunmehr dem Aufbau der Kolloide zuwenden, den wir hier nur in den Hauptzügen angeben wollen, soweit es gerade für eine Übersicht über die Kolloidreaktionen notwendig ist. Ein gut studiertes Beispiel bietet das Eisenhydroxydsol. Versetzen wir etwa Eisenchlorid mit Natronlauge, so wird nach der Gleichung $FeCl_3 + 3\,NaOH \rightarrow Fe(OH)_3 + 3\,NaCl$ das Cl durch OH unter Bildung des unlöslichen Eisenhydroxyds ersetzt. Ein ähnlicher Vorgang findet in sehr geringem Maße schon bei einfachem Verdünnen des Salzes statt $FeCl_3 + 3\,H_2O \rightarrow Fe(OH)_3 + 3\,HCl$. Diese sogenannte Hydrolyse kann man durch Entfernung der gebildeten Salzsäure steigern, wie es bei der Dialyse in Pergamentpapiersack geschieht, nur bricht man den Vorgang ab, bevor das ganze Fe in das unlösliche Hydroxyd übergeführt wurde. In der Dialysierzelle bleibt dann das klare braunrote Sol zurück. Es ist bei genügender Reinigung frei von H-Ionen und enthält meist 20- bis 50mal soviel Fe-Atome als Cl. Alles Cl ist jedoch für chemische Reaktionen als zugänglich, also an der Teilchenoberfläche nachweis-

bar, aber von dem gesamten Cl beteiligen sich nur zirka 20 bis 25%
an der Stromleitung oder sind durch verschiedene, z. B. elektrometrische Methoden als aktiv festzustellen.

Schematisch können wir uns den Aufbau der Kolloidteilchen so denken, daß ein Kern von Fe(OH)₃ an der Oberfläche die ionisierenden Moleküle Fe O Cl trägt, wie das die Abb. 5 zeigt. Es sind also zwei Bestandteile vorhanden, ein an sich unlöslicher, das Fe(OH)₃ und ein ionogener, die Löslichkeit vermittelnder, das Fe O Cl. Die Teilchen erweisen sich als positiv geladen und flocken bei Entladung, z. B. am negativen Pol einer Stromquelle oder bei Bestrahlung mit den β-Strahlen radioaktiver Substanzen aus. Den positiven Ladungen auf der Oberfläche der Kolloidteilchen entsprechen ebensoviel negative Ionen in der Flüssigkeit ringsum, die wir als Gegenionen bezeichnen, das sind in unserem Falle die Chlorionen. Die Aufladung schafft also die Beziehungen zum Lösungsmittel, welche den stabilen Zerteilungszustand im Sol erhalten. Dieser Bauplan aus einem unlöslichen Anteil, der durch zahlreiche ionogene, oberflächliche Komplexe seine Aufladung und Lösungsstabilität empfängt, ist ganz allgemein bei anorganischen Kolloiden erkennbar und findet sich auch bei den Edelmetallsolen sowie bei organischen Kolloiden, darunter einer großen Gruppe von Eiweißkörpern.

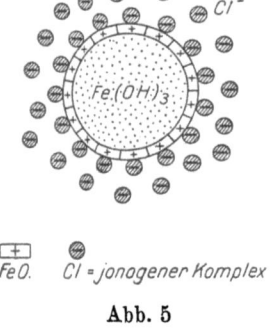

Abb. 5

6. Die Kolloidionen tragen nun, wie die physikalisch-chemische Analyse lehrt, im allgemeinen viele Ladungen auf ihrer Oberfläche — es können auch viele Tausende und Hunderttausende sein — und die elektrischen Feldwirkungen werden um so stärker ausfallen, je größer die Ladungszahl des Teilchens bei derselben Teilchengröße ist. Die hohe Teilchenladung wird auch zu gesteigerten elektrostatischen Wechselwirkungen mit den Wassermolekülen, zu erhöhter Hydratation führen, die sich unter günstigen Umständen als gesteigerte Viskosität des Sols bemerkbar machen wird. So kann sich eine Vermehrung der Teilchenladung als Zunahme der Viskosität, die Entladung der Kolloidteilchen als Abfall der Viskosität kundgeben.

Wenn aber die Kolloidionen eine größere Zahl von Ladungen tragen, dann dürfen wir bei ihrer elektrischen Wechselwirkung mit anderen Ionen viele Erscheinungen, die diese untereinander zeigen, wesentlich gesteigert erwarten. Schon aus diesem Umstande ergeben sich zahlreiche Aufklärungen.

Nach den neueren Erfahrungen und Anschauungen nehmen wir an, daß in der Lösung eines Salzes alle Ionen in gleicher Weise frei nebeneinander vorhanden sind, daß aber z. B. für die Stromleitung oder für die Messung der freien Ionen nicht ihre Gesamtzahl wirksam ist, weil ein Teil durch die Anziehungskräfte zwischen den entgegengesetzten Ionen gebremst oder inaktiviert wird (Bjerrum). Halten wir uns etwa an die gegebene schematische Darstellung eines positiven Kolloidions, so findet in der Umgebung desselben infolge seiner Feldwirkung eine gewisse Anhäufung der Gegenionen statt, die durch die Anziehungskräfte festgehalten, sich nur zu einem Bruchteil, z. B. bei Eisenoxydsol mit 20% der Konzentration, an der Stromleitung beteiligen, 80% der den Kolloidionen korrespondierenden Cl-Ionen sind hier unbeteiligt, inaktiv. Vermehrung der Cl-Ionen in der Flüssigkeit, z. B. durch Zusatz von Kochsalz, vermehrt auch die Cl-Ionen im Felde der Kolloidteilchen und damit die elektrostatische Inaktivierung derselben. Schließlich werden sie als Folge dieser Übersättigung an der Grenze der Kolloidteilchen in immer größerer Menge sich mit diesen fest assoziieren, von ihnen adsorbiert werden. Dabei verlieren die Kolloidteilchen zunehmend ihre Ladung, bis sie aus der Lösung fallen. Das ist der Mechanismus der Kolloidfällung durch Elektrolyte, wie er sich jetzt auf Grund der Theorie der interionischen Kräfte in Elektrolyten (Bjerrum) darstellen läßt.

8. Nun können wir zu den Verhältnissen beim Eiweiß übergehen. Die Eiweißkörper zeigen bei völliger Abwesenheit von Elektrolyten, was durch sorgfältige Elektrodialyse herbeigeführt werden kann, eine schwache Leitfähigkeit und sehr geringe Wanderung im elektrischen Strome, besitzen also nur eine sehr kleine, einsinnige elektrische Ladung. Sie sind jedoch befähigt, in wässeriger Lösung als Aminosäuren vom Typus $NH_2 \cdot R \cdot COOH$ sowohl als Säuren mit ihrer COOH-Gruppe etwa wie eine Essigsäure, als auch als Basen mit ihrer NH_2-Gruppe wie ein Ammoniak zu reagieren. Das gibt die Reaktionsgleichungen $NH_2R \cdot COOH + NaOH \rightarrow Na^+ + NH_2R\text{-}COO^-$ unter Bildung von negativen Eiweiß- und $COOH \cdot R \cdot NH_2 + HCl \rightarrow COOH \cdot RNH_3^+ + Cl^-$ unter Bildung von positiven Eiweißionen. R ist das Symbol für das übrige Proteinmolekül. Eine weitere wichtige Erfahrung ist es, daß im Eiweißmolekül mit steigendem Säure- oder Laugenzusatz nicht eine, sondern viele mit Säure reaktionsfähige NH_2-Gruppen und ebenso eine größere Zahl mit Alkali reaktionsfähiger Karboxylgruppen zur Verfügung stehen. Es wird daher die Ladungszahl der einzelnen Eiweißionen mit Säure- oder Laugezugabe ansteigen und kann Werte z. B. von 40 erreichen. Da nun die Eiweißkörper zugleich vielatomige Molekülverkettungen darstellen, so besitzen sie kolloiden Charakter und werden als hochgeladenes Säure- oder Alkaliprotein in bezug auf die Feldwirkung ihrer Ionen sich ähnlich wie elektropositive bzw. negative anorganische Kolloide verhalten müssen. Wenn wir z. B. HCl zum Protein geben, so wird anfangs praktisch die ganze zugefügte Salzsäure unter Ammonsalzbildung reagieren. Es wird also die Ionenbildung und z. B. der stromleitende Anteil des Proteinsalzes sowie seine Aktivität wachsen, bis die Proteinionen nahezu ihre volle Ladungszahl erlangt haben. Setzen wir weitere HCl dazu, dann kann diese nicht mehr die Eiweißionisation erhöhen, dagegen wächst nun die Chlorionenkonzentration im Felde der hochwertigen positiven Eiweißionen weiter. Infolge der gesteigerten elektrostatischen Wechselwirkung müssen dadurch immer mehr Cl-Ionen inakti-

viert und schließlich vom Protein ganz festgehalten werden, ein Vorgang, der, wie wir wissen, unter Dehydration erfolgt. Das dehydratisierte Eiweiß wird am Ende ebenso ausgeflockt, wie etwa ein positives Eisenhydroxydsol im Überschuß eines Chlorids. Das ist das Wesen der **Eiweißkoagulation durch starke Säuren**. Man kann diese Verhältnisse auch quantitativ verfolgen. Bestimmt man in einer Säureeiweißmischung die H- und Cl-Ionen mittels entsprechender Elektrolytketten, dann kann man eine Aktivitätskurve des Proteins ermitteln, welche ein Bild seines Ionisationszustandes darstellt. Sie muß mit dem zunehmenden Säurezusatz infolge der wachsenden Eiweißionisation erst ansteigen und dann im Überschusse der HCl infolge der Inaktivierung des Cl wieder absinken. In der gleichen Weise muß auch der Leitfähigkeitsanteil, die Konduktivität, des Proteinsalzes erst steigen und dann fallen. Das zeigen in der folgenden Abb. 6 die Aktivitäts- und Konduktivitätskurven am Seralbumin, welche Untersuchungen mit den Herren Frisch und Valkó

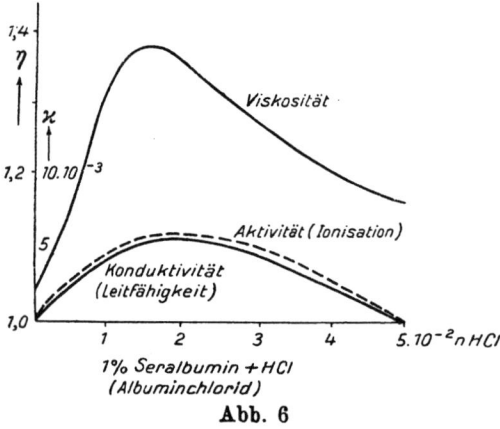

Abb. 6

entstammen. Die erst zunehmende, dann abnehmende Eiweißaufladung prägt sich in der Hydratation und in unserem Falle auch in der Viskosität aus. Die Lage des Viskositätsmaximums deckt sich in der Figur mit dem der Aktivität und Konduktivität. Mit dem Endteil der Aktivitätskurve fällt bereits die zeitliche Säureflockung des Albumins zusammen. Das gleiche Verhalten zeigte sich bei verschiedenen anderen Eiweißkörpern. Wenn wir noch hinzufügen, daß die Alkoholfällbarkeit und Hitzegerinnbarkeit des ionenaktiven, stark hydratisierten Eiweißes gehemmt und die des entionisierten wieder hergestellt ist, so ergibt sich, daß für eine ganze Reihe von Eigenschaften des Eiweißes seine elektrostatischen Wechselbeziehungen bestimmend sind.

Die beschriebenen charakteristischen Maximumbildungen in den Eigenschaften des Säureproteins betreffen Lösungen, in denen sich die Eiweißionen frei nach allen Seiten im Lösungsmittel bewegen können. Hier kann von einer Behinderung ihrer Diffusion keine Rede sein. Wie Ihnen bekannt, beruht das jetzt so vielfach von den Biologen und Medizinern zitierte Donnansche Ionengleichgewicht darauf, daß Kolloidionen, die in einer für sie undurchgängigen Zelle eingeschlossen oder sonstwie fixiert sind, eine geänderte Verteilung der übrigen neben ihnen vorhandenen beweglichen Ionen bewirken, welche sich in einfachen Fällen thermodynamisch leicht vorausrechnen läßt. I. Loeb hat nun das ganze kolloidale Verhalten der Eiweißkörper als sekundäres

Ergebnis dieser Ionenverteilung hingestellt, also auf das Donnansche Prinzip zurückführen wollen. Allein in allen von uns angeführten Fällen ist dieses überhaupt nicht anwendbar, weil keinerlei Diffusionsbehinderung der Kolloidionen in den Eiweißlösungen vorliegt. Nach den klaren und eindeutigen Ausführungen Donnans bildet eine solche jedoch die unerläßliche Voraussetzung für die Anwendbarkeit seines Prinzips. Loebs nur ganz ungefähr stimmende Rechnungen und angebrachte Korrekturen sind übrigens schon deswegen falsch, weil sie die so gewaltig sich ändernde Aktivität des Proteinsalzes gar nicht berücksichtigen. Das Protein wird ebenso wie in seiner Leitfähigkeit auch in seiner osmotischen Wirksamkeit von der elektrischen Anziehung seiner Gegenionen abhängig sein, und deshalb wird auch sein osmotischer Druck parallel gehen mit seiner Aktivität, deren Gang, wie wir sahen, auch die Viskosität anzeigt. Die folgende Abb. 7 führt ihnen eine solche Kurve des osmotischen Druckes und der Viskosität von Albumin mit steigendem Säuregehalt aus einer im Jahre 1913 veröffentlichten Arbeit vor, die diese allgemeine Übereinstimmung zum Ausdrucke bringt. Daß sich, wo die Bedingungen dafür gegeben sind, die frei durchgängigen Ionen zwischen osmotischer Zelle und Außenflüssigkeit nach dem Donnanschen Prinzip verteilen, ist ein thermodynamisch notwendiger Vorgang, der jedoch die Eigenschaften der Eiweißlösung nicht primär bestimmt, sondern umgekehrt von den Änderungen derselben in erster Reihe abhängt. Löbs Erklärungen des kolloidalen Verhaltens der Eiweißkörper, welche wir für grundsätzlich verfehlt halten, haben eine außerordentliche Verbreitung gefunden. Wie weit die auf dieselben gegründete Anwendung des Donnanschen Gleichgewichtes im Organismus übertrieben wurde, zeigt nicht nur die vielfache Übertragung auf die Pathogenese, sondern auch der Versuch selbst therapeutische Wirkungen, wie die der Röntgenstrahlen, darauf zurückzuführen.

9. In den bisherigen Ausführungen wurde die Reaktion von Kolloid- oder hochgeladenen Proteinionen mit **einwertigen Ionen** erörtert. Läßt man **höherwertige**, entgegengesetzte Ionen mit dem Kolloid reagieren, so werden die elektrostatischen Wechselwirkungen bedeutend verstärkt sein. Versetzen wir unser positives Eisenoxydsol, dessen Gegenionen die einwertigen Cl-Ionen bilden, mit den zweifach negativen Sulfationen, so werden diese seitens der Kolloidionen eine viel stärkere elektrostatische Anziehung erfahren und zugleich die gleichnamigen schwächeren Cl-Ionen durch Abstoßung aus dem Felde drängen. Verstärkte elektrostatische Anziehung bedeutet verstärkte Assoziation der Sulfationen mit dem Kolloid, welches bei Ersatz aller Cl-Ionen durch die SO_4-Ionen entladen ausflockt. Auch beim Säureeiweiß wird sich eine höhere Ladung der Gegenionen ähnlich ausdrücken. Sulfationen werden stärker für die Leitfähigkeit inaktiviert als Chlorionen und der stärkeren Entionisierung der Proteinionen wird eine geringere Hydratation und Viskosität beim Proteinsulfat entsprechen. In der Tat flockt das Eiweißsulfat sowohl im Säureüberschuß, als auch auf Alkoholzugabe leichter aus der Lösung wie das Chlorid. In der folgenden Abb. 8

sind die Viskosität und Konduktivität von Glutinchlorid und Glutinsulfat bei steigendem Säurezusatz nach Versuchen mit H. Hugo Wit vergleichend aufgetragen und die Unterschiede treten sehr deutlich hervor. Noch höher geladene negative Ionen müssen vom positiven Säureeiweiß entsprechend stärker elektrostatisch festgehalten werden, also Dehydratation und Flockung bewirken. Ein solches hochwirksames Ion ist z. B. das vierfach geladene Ferrozyanion (Fe Cy$_6$)---- Darauf beruht die außerordentliche Empfindlichkeit und Leistungsfähigkeit der Ferrozyankali-Essigsäureprobe. Die Essigsäure besorgt die positive Aufladung, das Ferrozyanion die Entladung und Flockung des Albumins.

Ein vollständiges Gegenstück zu diesen Flockungen bilden die Reaktionen von Alkalieiweiß. Hier wird das Eiweiß nach dem früher angegebenen Schema in ein hochgeladenes negatives Kolloidion übergeführt. Man kann auch in diesem Falle, wie wir vor Jahren zeigten, unter entsprechenden Kautelen, ganz analog der Säureflockung, im

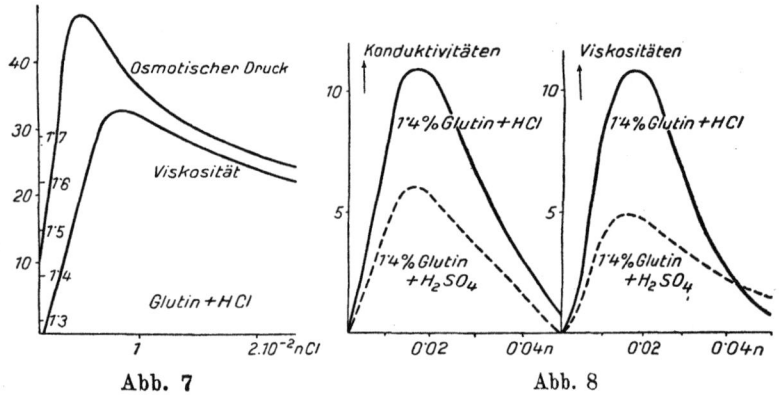

Abb. 7   Abb. 8

Überschuß von Alkali das Eiweiß fällen. Aber weit günstiger ist es, höherwertige Gegenionen zu nehmen. Besonders wirksam sind da die Schwermetallionen, wie Ag+, Hg++, Cu++, Fe+++ usw., welche teils infolge ihres kleinen Atomvolumens, teils infolge ihrer höheren Wertigkeit gesteigerte elektrostatische Wechselwirkungen ermöglichen. Auch auf diese Beziehungen sind praktisch wichtige Enteiweißungsverfahren aufgebaut.

10. Für die bisher angeführten Kolloidreaktionen genügte als allgemeines Erklärungsprinzip neben den gesteigerten Feldwirkungen der Kolloidionen die Bedeutung der Wertigkeit, des Volums und der Hydratation der vorhandenen Gegenionen. Es gibt jedoch eine große Gruppe von Ionen, die eine Ausnahmsstellung einnehmen, indem bei diesen Volum und Ladung eine viel kleinere Wirksamkeit bei der Kolloidfällung erwarten lassen, als tatsächlich zu beobachten ist. So ist nach Versuchen von H. Freundlich, dem wir die ersten Erfahrungen dieser Art verdanken, das Fällungsvermögen (gemessen am negativen Arsen-

trisulfidsol) der einwertig positiven Ionen von Guanidinnitrat, Strychninnitrat, Morphinchlorid und Neufuchsin zirka 3 bis 50 mal so groß, als beim einwertigen Kalium oder den übrigen Alkalimetallen und noch immer 2 bis 30 mal so groß als das des kleinvolumigen H -Ions starker Säuren. Freundlich stellte ferner fest, daß es sich da um Ionen handelt, welche auch sonst leicht durch gewisse feine Pulver adsorbierbar sind. Der erste Blick lehrt uns, daß hier eine vielleicht nicht zufällige Häufung physiologisch interessanter Stoffe vorliegen könnte. Um nun die dabei möglicherweise wirksamen Kräfte zu übersehen, wollen wir einen scheinbar etwas abgelegenen einfacheren Fall betrachten. Seit langem ist es bekannt, daß die kleinvolumigen H+- und OH−-Ionen, also die Säuren und Basen, wirksamer für die Flockung von negativen bzw. positiven Kolloiden sind als etwa die gleichfalls einwertigen K+- oder Cl−-Ionen. Nun war uns eine Erscheinung aufgefallen, welche zeigt, daß hier das kleine Volumen nicht der allein entscheidende Umstand sein muß. Es ist nämlich möglich gewesen, die verschiedensten bisher geprüften negativen Kolloide, darunter auch die Edelmetallsole, in solche mit H-Ionen als Gegenionen der Kolloidteilchen überzuführen. Eine gewisse Menge freier H-Ionen ist also neben den negativen Kolloidionen existenzfähig. Dagegen war es unter keinen Umständen praktisch ausführbar, irgend ein positives Sol herzustellen, dem in der Lösung die einfach negativen OH-Ionen als Gegenionen zugehören. Das Sol fiel in diesem Falle aus, ähnlich wie unser Eisenoxydsol, sobald seine Cl-Ionen durch die zweiwertig negativen Sulfationen ersetzt wurden.

Um dieses Verhalten zu verstehen, muß man sich gegenwärtig halten, daß beim OH-Ion die Ladungsverteilung eine stark exzentrische ist, daß die zweifach negative Ladung des O−− und die einfach positive des kleinen H -Ions eine ausgesprochen dipolartige Anordnung haben wird. Auf größere Entfernungen wird wohl das Ion mit seiner negativen Überschußladung als punktförmig anzusehen sein. Aber in molekularer Wirkungsnähe eines positiven Kolloidions wird eine Drehung des OH erfolgen oder eine Einstellung begünstigt, wie sie etwa die nächste Abb. 9 zeigt, indem der zweifach negative O−− dem positiven Kolloidion zugekehrt wird. Dadurch wird die elektrostatische Anziehung bedeutend verstärkt und kann die eines zweifach negativen Ions in nächster Nähe erreichen. Wir müssen also in Fällen, wo eine exzentrische Verteilung der Ladungen in Ionen vorliegt, damit rechnen, daß die letzteren eine Drehung, eine Orientierung im elektrischen Felde erfahren, welche die elektrostatischen Beziehungen in molekularer Wirkungsnähe außerordentlich beeinflussen wird. Man könnte diese Drehung als Elektroversion bezeichnen. Bestimmte Orientierungen von großen Molekülen haben in einem allerdings verschiedenen Falle, nämlich bei der Bildung von Oberflächenhäuten kapillaraktiver Stoffe in Wasser, z. B. von Fettsäuren, zuerst die Amerikaner Langmuir sowie Harkins angenommen und experimentell begründet.

11. Wir wollen nun noch einige besonders bemerkenswerte Beispiele vornehmen, die sich aus einer Elektroversion der Ionen verstehen

lassen. Der Kohlenstoff kann infolge seiner Mittelstellung im periodischen System mit großer Leichtigkeit vier äußere Elektronen aufnehmen oder abgeben. Er ist dort, wo er streng heteropolar auftritt, entweder vierwertig positiv, z. B. im CCl_4 dem Tetrachlorid, oder vierwertig negativ wie im Methan, CH_4. Betrachten wir nun das einfach negative Rhodanion SCN^-, das sowohl gegenüber den Eiweißkörpern, wie auch in physiologischer Hinsicht eine besondere Stellung einnimmt (Abb. 10). Hier ist der C in streng heteropolarer Bindung, und zwar als vierfach positives Ion vereint mit dem dreifach negativen N und dem zweifach negativen S, was die einwertige negative Gesamtladung ergibt. Die Figur verrät aber auch die ausgesprochen exzentrische Verteilung der Ladungen in diesem komplexen Ion. In einem stark positiven Feld muß es so orientiert werden, daß es sich demselben mit den negativen N- und S-Ionen zukehren und mit dem positiven Kohlenstoffion von ihm abwenden wird. Die Exzentri-

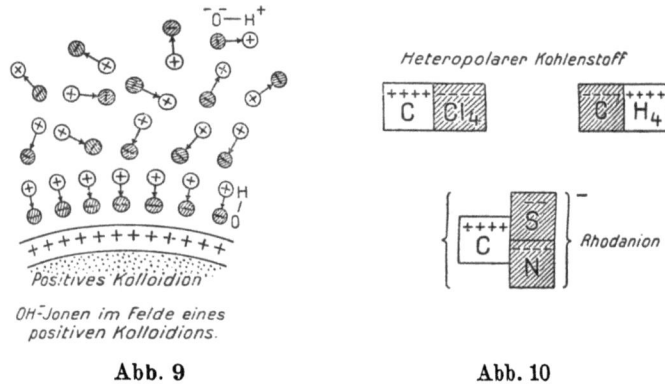

OH⁻-Jonen im Felde eines positiven Kolloidions.

Abb. 9　　　　　　　　　　Abb. 10

tät der Ladung im Ion kann dabei im Felde noch eine weitere Steigerung erfahren. Demnach dürfen wir unter günstigen Umständen eine vermehrte elektrostatische Wechselwirkung eines positiven Kolloidions mit dem Rhodanion erwarten, welche wesentlich über den seiner einfachen negativen Ladung entsprechenden Effekt hinausgeht. Die folgende Abb. 11 zeigt zu oberst die Viskosität eines 1% Seralbumins bei steigendem Säurezusatz, die, wie wir wissen, zugleich den Gang der positiven Aufladung des gebildeten Proteinsalzes wiederspiegelt. Wenn wir z. B. durch Zugabe von gleichen Konzentrationen der betreffenden Salze die negativen Ionen im Felde des positiven Albumins vermehren, so wird die Auflading und damit die Viskosität der Proteinionen abnehmen. Wir sehen nun, wie mächtig die depressorische Wirkung des Rhodanids, etwa die des Chlorids oder Bromids überragt. Sie wird nur von dem gleichfalls einwertigen Trichlorazetation übertroffen, welches bereits fast so stark inaktiviert und dehydratisiert, wie das zweiwertige Sulfation. Die Trichloressigsäure ist, wie bekannt, ein ganz ausgezeichnetes und viel verwendetes Eiweißfällungsmittel und wie die Betrachtung der nächsten Abb. 12 zeigt, handelt es sich hier gleichfalls um eine stark exzentrische Anordnung der negativen Ladungen, wobei die Sauerstoffionen sich dem positiven Kolloidion zukehren werden. Zugleich erkennt man, daß im Trichlorazetation ein starkes positives zentrales Feld herrscht, welches die Dissoziation des H+-Ions durch die starke Abstoßung begünstigt. In der Tat ist die Trichloressigsäure eine der stärksten

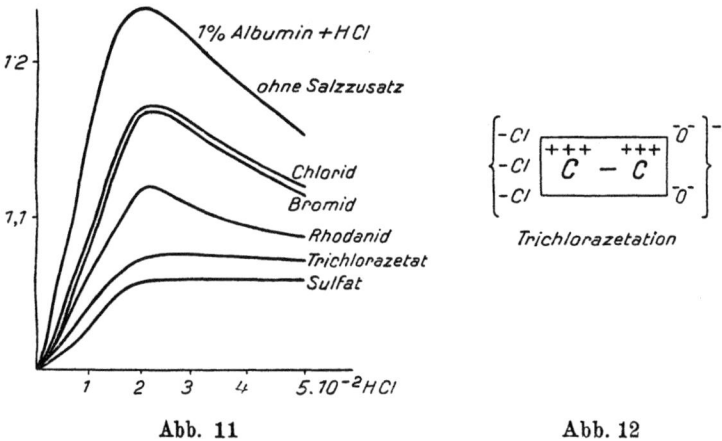

Abb. 11   Abb. 12

organischen Säuren, so daß sie schon in relativ kleinen Konzentrationen das Eiweiß aufladen und bei mäßigem Überschuß ausfällen wird.

Wir können nun kurz sein und auf die folgenden Figuren hinweisen, welche unmittelbar die exzentrische Ladungsverteilung einerseits im Guanidinion erkennen lassen, das streng heteropolar aufgebaut ist, und

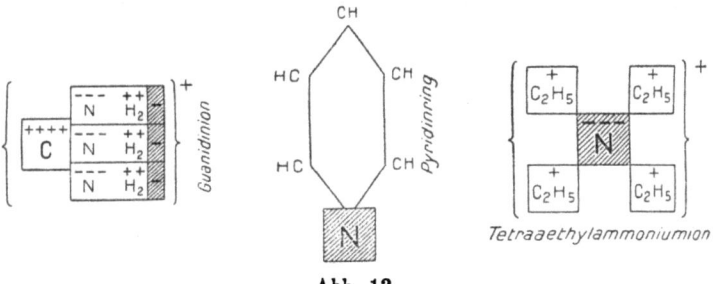

Abb. 13

anderseits das Pyridin darstellen, dessen N seine negative Restladung trotz der Bindung im Pyridinring in seiner Reaktionsfähigkeit verrät und das ein gutes Fällungsmittel für Säureeiweiß darstellt (H. Handovsky). Zum Vergleich sei hier noch ein organisches Ion von isotroper, tetraedrischer Anordnung der Ladungen, das Tetraäthylammoniumion beigefügt, dem alle die Besonderheiten exzentrisch gebauter

Ionen gegenüber dem Eiweiß fehlen. Die stark geladenen positiven Eiweißionen sind übrigens ein so gutes Reagens auf die exzentrische Verteilung der Ladungen negativer Ionen, daß sie dieselbe auch in dem viel einfacher gebauten Azetat-, NO_3 - und ClO_3-Ion mit passender Methodik erkennen lassen. In den hochmolekularen Alkaloiden und Farbstoffen ist die freie Valenzladung selbst stark exzentrisch gelagert, wodurch die Richtbarkeit der Moleküle im elektrischen Felde, aber auch deren Assoziation unter Erhöhung der Ladungszahl und Verschmelzung der großen Anteile des Moleküls begünstigt wird. Daß zu den negativen Farbstoffionen die allerempfindlichsten Reagentien auf positives Eiweiß, zu den positiven Ionen der Farbbasen die feinsten Indikatoren auf negatives Protein gehören, braucht hier nicht erst weiter ausgeführt zu werden.

Damit möchten wir unsere Darlegungen abbrechen, die sich vor allem auf das Verhalten der hochgeladenen Eiweißionen beschränkt haben. Die nicht minder wichtigen, etwas abweichenden Eigenschaften der Eiweißkörper im Zustande nahe ihrer Elektroneutralität — im sogenannten isoelektrischen Gebiet — sollen bei anderer Gelegenheit behandelt werden. Allein soviel können wir schon aussagen, daß sich hier, unter entsprechender Berücksichtigung der schwachen Ladung und des asymetrisch amphoteren Charakters der Eiweißkörper, bis in die letzten Einzelheiten die gleichen Erklärungsprinzipien anwenden lassen.

11. Zusammengefaßt würde das Ergebnis unserer Betrachtungen lauten, daß sämtliche Kolloid- und ebenso die Proteinreaktionen auf elektrostatische Wechselwirkungen zurückführbar sind, sobald man nur auch auf den Zusammenhang von chemischer Konfiguration mit der räumlichen Anordnung und Intensität der elektrischen Felder achtet. Daraus ergibt sich, immer mittels derselben elektrischen Kräfte, eine außerordentliche Mannigfaltigkeit und Abstufbarkeit der Reaktionen, die, wie sich leicht zeigen läßt, in jedem Falle bis zur Spezifität gesteigert werden kann. Die Spezifität der chemischen Beziehungen ist es aber, die eines der Fundamentalprobleme für den Biochemiker und Pharmakologen bildet. Sie manifestiert sich ausnahmslos durch Kolloidreaktionen, sei es der Kolloide im Organismus mit eingebrachten Kristalloiden, sei es von Kolloiden untereinander. Zunächst können wir es jetzt verstehen, weshalb der Organismus im allgemeinen eine stärkere Aufladung seiner Kolloide, insbesondere der Eiweißkörper, vermeidet. Denn die erzeugten starken elektrischen Felder müßten, abgesehen von der gesteigerten Hydratation, der Spezifität entgegenwirken, indem sie schließlich alle Kolloide desselben Ladungssinns in ihrem Verhalten einander angleichen. Starke Ladungen der Eiweißkörper würden überdies im Organismus als Gegenwirkung eine Ansammlung der in relativ hoher Konzentration allgegenwärtigen Salzionen um dieselben hervorrufen, wobei sich insbesondere die höherwertigen Ionen an der Inaktivierung und Neutralisierung der Eiweißladung beteiligen würden. Das ist in der Tat eine wichtige, kompensierende allgemeine Salzfunktion, der in einzelnen Fällen eine besondere Bedeutung zu-

kommen dürfte. Wir können aber nun auch den Sinn der Erhaltung einer mittleren Reaktion in den Gewebssäften durch die feine Regulierung der H-Ionenkonzentration darin erblicken, daß damit die starke **Aufladung der Eiweißkörper in den Zellen** verhindert und die Empfindlichkeit für spezifische Reaktionen erhalten wird.

Um ein Gewebe mit spezifischen Affinitäten auszustatten, werden diese in der Regel an feste Strukturen in den Zellen geknüpft sein müssen und feste Strukturen stellen in diesem Falle auch gerichtete Moleküle dar, welche z. B. exzentrische, dem Medium zugewendete schwache Ladungen tragen und sonst miteinander verankert sein können. Handelt es sich dagegen um die Herstellung chemisch inerter, nur wenig am Stoffwechsel beteiligter Strukturen, wie bei den verschiedenen Stützsubstanzen, dann müssen ihre elektrischen Felder möglichst neutralisiert sein, was z. B. durch wechselweise Aneinanderlagerung von amphoteren Molekülen mit ihren positiven und negativen, dipolartigen Ladungen möglich ist. Solche sind in den Eiweißkörpern nahe ihrem Neutralpunkt in überwiegender Anzahl enthalten. Verbleibende Ladungsreste können dann noch durch höherwertige Ionen verdeckt werden, wie dies z. B. im Knochengerüst seitens der Ca^{++} bzw. Phosphat- und Karbonationen bis zu einem gewissen Grade angenommen werden darf.

Mit diesen kurzen Hindeutungen müssen wir schließen. Sie lassen bei aller notwendigen Beschränkung die Richtung klar erkennen, welche eine künftige Biochemie einschlagen wird, indem sie sich in Übereinstimmung mit der gegenwärtigen Physik immer mehr auf elektrische Grundlagen aufbauen muß. Diese Biochemie wird uns wohl in nicht ferner Zeit, anders als manche Übertreibungen einer verflossenen gröberen Elektrophysiologie, eine wahre elektrische Feinstruktur der lebenden Zelle enthüllen.

Der Aufbau anorganischer Kolloide

Die Kolloidchemie, vor gar nicht langer Zeit ein nur von wenigen Forschern aufgesuchter Wissenszweig, ist heute ein umfangreiches Gebiet von außerordentlicher Mannigfaltigkeit der Erscheinungen geworden, das dem Beobachter ganz verschiedene Seiten zeigt je nach den Arbeitsmitteln, mit denen er sich ihm nähert.

Die Grahamschen Fundamentaleigenschaften der Kolloide — geringe Diffusion, Unfähigkeit durch gewisse Membranen zu dringen und geringe Neigung zur Kristallisation — erschienen unmittelbar verständlich aus dem einheitlichen Gesichtspunkte des Vorliegens größerer Teilchen, einer gröberen Zerteilung oder Dispersität der Materie, als bei den Kristalloiden. Als es dann gelang, mit Hilfe des Ultramikroskops die Teilchen bis zu einem gewissen Grade sichtbar zu machen und zu Schätzungen ihrer Dimensionen zu gelangen, eröffneten sich neue Möglichkeiten einer rein physikalischen Behandlung der Kolloide, die einer gröberen physikalischen Auffassung der Erscheinungen, insbesondere der überragenden Rolle des Zerteilungsgrades bei den Kolloidreaktionen, zum Durchbruche verhalfen. Neuere Untersuchungen scheinen uns jedoch eine Wendung in den Anschauungen vom Aufbau und den Reaktionen der Kolloide vorzubereiten, zu einer mehr konstitutiven, den besonderen Erfahrungen in weitergehendem Maße gerecht werdenden Betrachtungsweise, und so sei es mir heute gestattet, diesen jüngsten Befunden und Problemen in der Kolloidchemie einige Ausführungen zu widmen.

Bei den anorganischen Kolloiden zeigte sich fast ohne Ausnahme, daß der Zerteilungsgrad — für stabile Kolloide oder Sole liegt die Teilchengröße zwischen 1 und 100 $\mu\mu$ — nicht die zureichende Bedingung für die Lösungsstabilität darstellt, sondern daß die elektrische Teilchenladung, erkennbar an der Wanderung im elektrischen Strome, hier gleichfalls sehr wesentlich ist. Denn die Kolloidteilchen fallen im entladenen Zustande aus der Lösung aus. Diese Entladung kann nun auf verschiedene Weise bewirkt werden: Durch die entgegengesetzten Ionen zugesetzter Salze, durch passende Zugabe entgegengesetzt geladener Kolloide, ferner an dem entgegengesetzten Pole einer elektrischen Stromquelle oder schließlich z. B. durch Bestrahlung positiver Kolloide mit der durchdringenden Radiumstrahlung.

Durch diese Bestrahlung lassen sich nun, wie uns Versuche mit A. Fernau vor einiger Zeit gezeigt haben, die Vorgänge bei der Kolloidkoagulation, nämlich die Entladung und die Aggregation der entladenen Teilchen, getrennt zur Anschauung bringen. Ein besonders günstiges Objekt für solche Beobachtungen ist das elektropositive Ceroxydsol, welches sich bei der Dialyse des gut löslichen Cerammoniumnitrates bildet, eine hellgelbe, leicht bewegliche Flüssigkeit, die auf Elektrolytzusatz unter Bildung einer klaren Gallerte erstarrt. Dieser Koagulationsvorgang läßt sich sehr schön von seinem allerersten Beginn als Anstieg der Reibung mit dem Viskosimeter verfolgen, das die durch Aggregation bewirkte Teilchenvergrößerung anzeigt. Anderseits wissen wir, daß geladene Teilchen sehr häufig durch eine stärkere Hydratation infolge ihrer elektrostatischen Wechselwirkung mit den Wassermolekülen ausgezeichnet sind. Bei der Entladung der ionischen Teilchen macht diese Hydratation einer Dehydratation Platz. Im Viskosimeter zeigt sich der Wegfall der elektrostatischen Beziehungen zu den Wassermolekülen

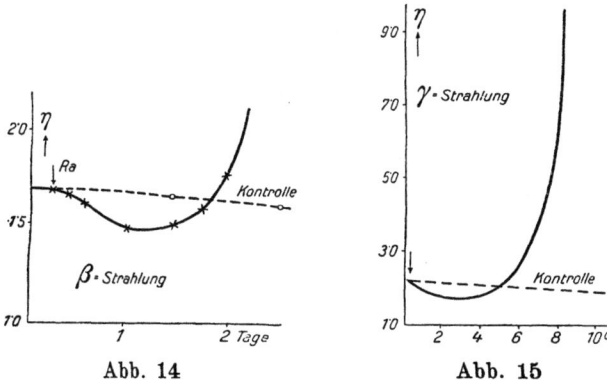

Abb. 14   Abb. 15

infolge der Teilchenentladung in einem Reibungsabfall. Diese Verhältnisse werden nun bei Bestrahlung des Ceroxydsols mit Ra. sehr deutlich erkennbar. Die folgende Abb. 14 zeigt, wie nach Einsetzen eines Röhrchens (mit 78·6 mg Ra-Element) ein Abfall der Reibung von Ceroxydsol einsetzt, der nach etwas über 24 Stunden in einen Reibungsanstieg übergeht.

Wir müssen uns diesen Vorgang so denken, daß, sei es direkt, sei es auf dem Wege von chemischen Zwischenreaktionen, durch die β-Strahlung eine Teilchenentladung im positiven Ceroxydsol mit dem zugehörigen Reibungsabfall erfolgt. Dieser Vorgang findet allmählich statt und erst bis die Zahl der entladenen Teilchen groß genug geworden ist, wird die Aggregation derselben genügend, um sich als Reibungsanstieg bis zum Übergang in eine feste Gallerte kundzugeben. Ist aber einmal die Teilchenentladung eingetreten, dann hat die weitere Bestrahlung auf den automatisch fortgehenden Aggregationsvorgang keinen merklichen Einfluß und es ist für dessen Ablauf gleichgültig, ob wir nach vollständiger Reibungsdepression das Ra-Röhrchen entfernen.

Die ganze Erscheinung läßt sich verlangsamen, wenn man die Bestrahlung nur mit γ-Strahlen, nach vollständiger Absorption der β-Strahlung durch eine Metallkapsel, ausführt. Dann dauerte die Reibungsdepression bei einem Röhrchen mit 99·6 mg Ra-Element 5 Tage, bis es zum Reibungsanstieg durch Teilchenaggregation kam (Abb. 15). Wenn wir dagegen statt durch Bestrahlung die Koagulation durch Elektrolytzusatz bewirken, so zeigt sich auch ein charakteristischer Unterschied im Gange der Viskosität. Wir dürfen ja hier erwarten, daß die Ionenreaktion mit dem Kolloid, falls nur der Elektrolyt in genügender Konzentration zugegen ist, praktisch momentan erfolgen wird. Und in der Tat ist dann unmittelbar mit dem Zusatz von Salz auch eine maximale Reibungsdepression des Ceroxydsols vorhanden, worauf der Anstieg der Viskosität sofort einsetzt. Das folgende Bild (Abb. 16) zeigt das Anfangsstück und eine Übersicht des Verlaufes der Reibung bei Zugabe von 0·0125 g NaCl zu einem 1·16% Ceroxydsol.

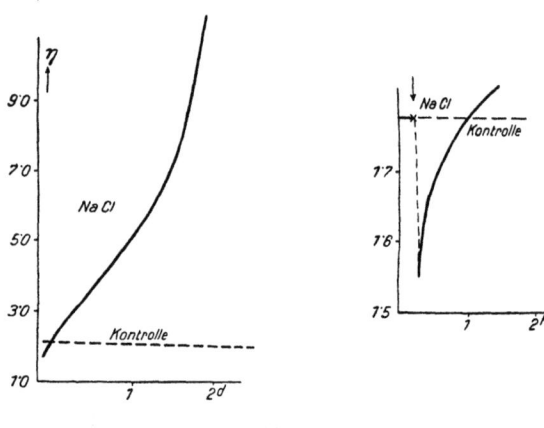

Abb. 16

Mit der Zurückführung der Kolloidkoagulation auf Teilchenentladung und Aggregation ist jedoch kein genügender Einblick in das Wesen des Entladungsvorganges gewonnen, denn dieser setzt wiederum die Kenntnis des Ursprunges der Ladung der Kolloidteilchen voraus. An dieses Problem knüpfen nun die neueren kolloidchemischen Arbeiten an und mit seiner Lösung ist auch die Frage nach dem Aufbau der Kolloidteilchen innig verbunden.

Über den Ursprung der Ladung der Kolloidteilchen sind verschiedene Ansichten geäußert worden. Man hat dieselbe als Folge einer Adsorption von Ionen aus dem Dispersionsmittel oder bei den Edelmetallsolen als negative Aufladung infolge Aussenden von Metallionen in die Flüssigkeit oder schließlich in einzelnen Fällen als echte Elektrolytdissoziation an den Teilchen angesehen. Allen diesen Möglichkeiten ist jedoch gemeinsam, daß wie in jedem Elektrolyten, auch im Sol Elektroneutralität herrschen muß. Es müssen also den Ladungen der Kolloidteilchen ebensoviele entgegengesetzte Ionenladungen im Lösungs- oder Dispersionsmittel entsprechen und man konnte es einmal versuchen, in genügend reinen Solen die freien oder Gegenionen zu bestimmen, um auf diese Weise zu Rückschlüssen auf die Solladung zu gelangen. Ferner war bei genauer Kenntnis des Ionengehaltes des Dispersionsmittels die Möglichkeit gegeben, durch geeignete Analysen des Sols die chemische Zusammensetzung der Solteilchen selbst zu erfahren. Die Bedingungen für Untersuchungen solcher Art sind nun bei verschiedenen Soltypen recht verschiedene, so daß das Ziel einer vollständigen Aufklärung der Kolloidkonstitution nur bruchstückweise, nicht überall restlos erbracht werden konnte. Aber diese Bruchstücke fügen sich harmonisch zusammen zu dem Bilde einer konstitutiven Gemeinsamkeit, eines allgemeinen Bauplanes, der verschiedenen Kolloide.

Wenden wir uns zunächst zu den positiven Metallhydroxydsolen, die wegen ihrer leichten Erhältlichkeit in großen Konzentrationen und in hohem Reinheitsgrade ein günstiges Objekt bilden. Wir können noch in älteren klassischen Arbeiten der Angabe begegnen, daß die Metallhydroxydsole, z. B. das bekannte Eisenhydroxydsol, ihre positive Ladung der Dissoziation von OH-Ionen verdanken. Erst Duclaux hat mittels analytischer Untersuchungen wahrscheinlich gemacht, daß die von der Herstellung aus Ferrisalz im Sol vorhandenen Anionen, z. B. Cl-Ionen bei der Gewinnung aus $FeCl_3$, in seinem Verhalten eine wesentliche Rolle spielen. Man kann dieses Sol auf zweifache Weise herstellen. Durch Hydrolyse eines Ferrisalzes, die man durch mäßigen Zusatz von Ammoniak erhöht, worauf man durch Dialyse reinigt — hydrolytoide Sole — oder durch Behandlung von gefälltem Eisenhydroxyd mit einem Ferrisalz, Peptisation, die man durch Kochen steigert — peptoide Sole. Wählt man als Ferrisalz das Chlorid, so hat man im Sol ein leicht analytisch und potentiometrisch bestimmbares Anion, das Cl-Ion. Die Sole lassen sich nun zunächst durch energische Dialyse bis zur H-Neutralität reinigen. In solchen reinen Solen kann man die Cl-Aktivität elektrometrisch messen und auf diese Weise direkt zeigen, daß genügend aktive Cl-Ionen vorhanden sind, um als Gegenionen der positiven Kolloidteilchen zu funktionieren. Rechnet man das analytisch ermittelte Cl als $FeOCl$, die wahrscheinlichste hydrolytische Zwischenform, so bleibt ein großer Rest vom Gesamt-Fe übrig, das als $Fe(OH)_3$ vorhanden sein muß. Aus der gemessenen Cl-Aktivität kann man entnehmen, welcher Bruchteil des gesamten Cl in inaktiver Form vorhanden ist. Er ist im allgemeinen weit größer als der aktive, 20 bis 25% des Cl betragende Anteil. Wir wollen diejenige Molekülart der Solteilchen, deren Dissoziation die Gegenionen liefert, als den ionogenen Komplex J, den für sich unlöslichen, ungeladenen Anteil, als den Neutralkomplex N bezeichnen. In unserem Beispiel wäre $FeOCl$ das J und $Fe(OH)_3$ das N. Man kann die Sole einer Art in verschiedener Weise vergleichen, entweder indem man die auf eine Ladung entfallenden Moleküle angibt, ein solcher Elementarkomplex kann als Kolloidäquivalent bezeichnet werden, oder indem man verschiedene Sole einer Reihe auf äquivalente Neutralteile bezieht. Die allgemeine Formel für ein Kolloidäquivalent unseres Eisenhydroxydsols wäre

$$[x\,Fe(OH)_3\,.\,_y\,FeOCl\,.\,FeO]^+\,.\,Cl^-$$

Die in der folgenden Tabelle angeführte Reihe stellt solche hydrolytoide Sole dar, welche durch fortschreitende Dialyse aus einander hervorgegangen sind. Bei der Dialyse hat sich das Verhältnis des aktiven und inaktiven Anteiles von FeOCl wenig verschoben, aber die Zahl der Neutralteile, welche auf eine Ladung entfallen, ist ständig gewachsen, bis schließlich 135 Moleküle oder rund 900 Atome von einer Ladung getragen werden.

Tabelle 1

Sol	Kolloidäquivalent
I	33 $Fe(OH)_3$. 4·5 $FeOCl$. $FeO+$
II	60 $Fe(OH)_3$. 5 $FeOCl$. $FeO+$
III	70 $Fe(OH)_3$. 4 $FeOCl$. $FeO+$
IV	130·5 $Fe(OH)_3$. 3·5 $FeOCl$. $FeO+$

Die direkte Untersuchung während der Dialyse lehrt, daß dabei äquivalente Mengen H und Cl in die Außenflüssigkeit treten, aber keine merklichen Mengen von Fe durch die Membran mitgehen. Das ist nur dadurch möglich, daß das FeOCl der Solteilchen weiter hydrolysiert und unter HCl Abgabe zu $Fe(OH)_3$ wird. In der Tat sehen wir, wenn wir die durch fortschreitende Dialyse erzeugten Sole auf äquivalente Neutralteile beziehen, sehr deutlich, daß die ganze Veränderung auf Kosten des ionogenen Anteils, FeOCl, erfolgt, welcher ständig abnimmt.

Tabelle 2

Sol	Zusammensetzung bei äquivalentem Neutralteil
I	32 $Fe(OH)_3$. 4·4 $FeOCl$. 1 $FeO+$. $Cl-$
II	32 $Fe(OH)_3$. 2·65 $FeOCl$. 0·53 $FeO+$. $Cl-$
III	31·5 $Fe(OH)_3$. 1·8 $FeOCl$. 0·45 $FeO+$. $Cl-$
IV	32·5 $Fe(OH)_3$. 0·875 $FeOCl$. 0·25 $FeO+$. $Cl-$

Man kann sich weiter die Frage vorlegen, wie die Molekülarten J und N im Kolloidteilchen angeordnet zu denken sind. Zunächst muß jedenfalls der aktive Anteil von J, dem die potentiometrisch meßbaren Cl-Ionen entstammen, an der Teilchenoberfläche gelegen sein. Aber wir können uns leicht durch eine Rechnung überzeugen, daß bei der fortschreitenden Dialyse über 80% des gesamten FeOCl der Umwandlung in $Fe(OH)_3$ unterliegen, also gleichfalls für die OH-Ionen des Wassers reaktionszugänglich gewesen sein müssen. Damit stimmen ferner die Ergebnisse von Flockungsversuchen überein. Setzt man nämlich zu einem

Eisenhydroxydsol, z. B. K_2SO_4 hinzu, so koaguliert das Sol und man kann durch die Analys des Flockungsfiltrates feststellen, daß ein sehr großer Teil des Gesamtchlor, über 84%, aus den Solteilchen verdrängt worden ist, für welchen äquivalente Mengen Sulfat in das Gel eingetreten sind. Das würde immerhin noch 15% anscheinend nicht substituierbares Chlor ergeben. Aber es hat sich weiter gezeigt, daß man durch Verwendung anderer flockender Salze diesen nicht substituierbaren Anteil noch weiter herunterdrücken kann. So wächst das Chlorverdrängungsvermögen steigend in der Reihe von zugesetztem Sulfat, Chromat und Oxalat. Von letzterem wurde an 95% des Chlors substituiert und wir dürfen sagen, daß praktisch das ganze Cl und demnach auch der ganze ionogene, für die Kolloidladung maßgebende Anteil unserer Solteilchen reaktionszugänglich, also an ihrer Oberfläche gelegen sein muß.

Ähnliche Ergebnisse lassen sich bei peptoiden Eisenoxydsolen feststellen, welche durch Behandlung von $Fe(OH)_3$ mit $FeCl_3$ in der Hitze gewonnen worden sind und sehr weitgehend dialysiert und gereinigt werden können. Diese Sole sind überdies recht gleichteilig und erscheinen im Ultramikroskop ganz nebelfrei, aus grünen, leicht zählbaren Teilchen bestehend. Aus Zählungen und Dichtebestimmungen ergab sich z. B. eine Kantenlänge von 55·5 $\mu\mu$ und mittelst der Cl-Aktivität eine Ladungszahl (LZ) von 65.400 pro Teilchen, das wäre zugleich die Zahl der dasselbe aufbauenden Kolloidäquivalente. Allein bei diesem Verfahren wird der gefundene Wert der LZ dadurch erhöht, daß neben den visiblen invisible Teile vorhanden sind, die große Anteile der Oberfläche und also der Gesamtladung repräsentieren und die wir bei dieser Methode nur den visiblen Kolloidteilchen zuordnen. Aus den gegebenen Daten läßt sich ferner der mittlere Abstand der Eisenatome und daraus die Zahl derselben in der Oberfläche ableiten. Die Berechnung zeigt in dem angeführten Beispiel, daß hier scheinbar 54% der Oberflächenatome ionogen aktiv besetzt zu sein brauchen, um die nötigen Ladungen für ein Teilchen zu liefern. Der wirkliche Wert wird wiederum kleiner anzunehmen sein. Durch energische Dialyse des gleichen Sols wurde die Teilchengröße kaum geändert, sie bestimmte sich mit 52·3 $\mu\mu$, dagegen sank die Ladungszahl des Teilchens auf 6088, unter ein Zehntel der früheren, so daß hier nur ein Siebzehntel der verfügbaren Oberflächenatome als Träger ionogener aktiver Komplexe funktionieren. Wir können demnach zusammenfassend aussagen, daß im Eisenhydroxydsol ein ionogener und ein neutraler Komplex in wechselnden Verhältnissen das Solteilchen aufbauen, daß ferner auf viele Neutralteile wenige ionogene Komplexe kommen, von denen wieder nur ein Teil aktive Gegenionen liefert. Berechnet man die auf eine Ladung entfallende Molekülzahl, so kommt man zu der Zusammensetzung eines Kolloidäquivalentes, von denen erst eine große Zahl das primäre Solteilchen, also das eigentliche Kolloidjon, bilden. Die ionogenen Anteile sind praktisch zur Gänze auf der Teilchenoberfläche angeordnet.

Diese Auffassung des Kolloidaufbaues läßt sich zunächst auf eine große Gruppe negativer Kolloide übertragen, die Sulfidsole, deren prominentester und leicht zugänglicher Vertreter, das Arsentrisulfidsol, seit jeher der Gegenstand ausführlicher und zum Teil klassischer Untersuchungen gewesen ist. Hier hatten Linder und Picton und insbesondere Whitney und Ober den Beweis erbracht, daß fällende Kationen zugesetzter Salze, z. B. Ba, K, Na, in das geflockte Gel eingetreten sind und sich darin in äquivalenter Menge ersetzen können, während im Flockungsfiltrat Säure nachweisbar wird. Auch bei diesem Kolloid mußte das Ziel sein, einen quantitativen Einblick in die Konstitution und Ladungsverhältnisse der Teilchen zu erlangen. Nach der ganzen Herstellungsweise dieses Sols kommt als positives Gegenion der Teilchen nur das H-Ion in Frage, denn das Sol wird durch Behandeln einer wässerigen Lösung der arsenigen Säure As_2O_3 mit H_2S gewonnen, welcher in H^+ und HS^- ionisiert. Die Gegenionenbestimmung lief somit auf eine Messung der H-Ionen in dem sorgfältig gereinigten und dialysierten Sols hinaus. Infolge der außerordentlichen Giftwirkung von Sulfidschwefel auf die Platinelektrode ist jedoch die potentiometrische Me-

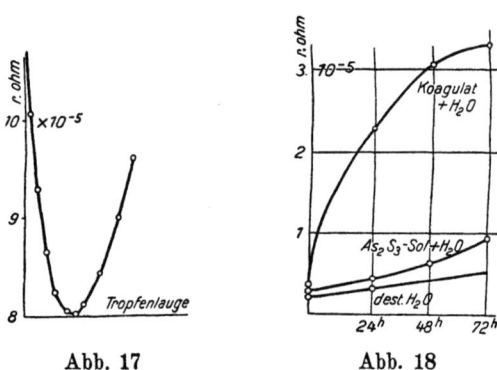

Abb. 17   Abb. 18

thode hier nicht anwendbar, aber man kann auf anderem Wege zur Kenntnis der H-Ionen gelangen. Wenn wir eine verdünnte Säure tropfenweise mit Lauge versetzen, so wird gemäß der Reaktion $H^{\cdot} + OH' \rightarrow$ $\rightarrow H_2O$ infolge Verschwindens der H-Ionen, mit ihrer gegenüber anderen Ionen fünf- bis siebenmal größeren Beweglichkeit, ein bedeutendes Absinken der Leitfähigkeit erfolgen. Erst bis alle aktiven H-Ionen verschwunden sind, kann die Leitfähigkeit bei weiterem Zusatz von Lauge ansteigen. Dieses Verfahren der Leitfähigkeitstitration der H-Ionen, in entsprechender Weise als Mikromethode ausgestaltet, wurde in Versuchen mit A. Semler zur Konstitutionsanalyse des As_2S_3-Sols angewendet und es hat sich dann in mannigfacher Weise bei anderen Solen verwerten lassen. Die folgende Abb. 17 zeigt Ihnen eine solche Titrationskurve, deren Tiefpunkt zur Ermittlung der leitfähigkeitsaktiven H-Ionen des Sols diente.

Auf diese Weise konnten titrimetrisch die H-Ionen der As_2S_3-Sole mit Werten von meist $10-20 \cdot 10^{-5}$n bestimmt werden. Dieses Ergebnis kann noch auf folgendem Wege kontrolliert werden. Die Leitfähigkeit

der gut dialysierten frischen Sulfidsole setzt sich mit einer kleinen
Vernachlässigung aus der Leitfähigkeit der freien H-Ionen und der Kolloidionen zusammen, deren äquivalente Beweglichkeit bei 25⁰ im allgemeinen zwischen 30 und 40 r. O. gelegen ist. Setzt man diese, neben
der Beweglichkeit der H-Ionen, in die bekannte Kohlrauschsche Leitfähigkeitsformel ein, so kann man aus der beobachteten Leitfähigkeit
die Konzentration der H-Ionen bzw. der Kolloidäquivalente, wie sich
zeigte, mit guter Annäherung ableiten. Auf diesem Wege kann man zu
mit den titrierten befriedigend stimmenden Werten der H-Ionen kommen
und aus den Analysen zugleich die von einer Ladung getragene Molekülzahl ermitteln. Das As_2S_3-Sol hat sich nun infolge seiner Konzentration
und Zusammensetzung als geeignet zur näheren Feststellung der ionogenen
Oberflächenkomplexe erwiesen. Zur Erklärung der vom hellgelben
reinen Arsentrisulfid etwas verschiedenen, leicht rötlichen Farbe der
Sole war vor zwei Jahren von Bathnagar die Vermutung ausgesprochen
worden, daß ihre Teilchen eine Hülle von rötlichem Realgar, As_2S_2,
haben dürften. Allein es ließen sich nicht die charakteristischen Löslichkeitsverhältnisse dieser Verbindung nachweisen, deren ionogene
Funktion überdies unverständlich wäre. Dagegen lag es näher, an eine
Sulfarsenitsäure als ionogenen Bestandteil des Sols zu denken, die etwa
durch die Reaktion $As_2S_3 + H_2S \rightarrow As_2S_4H^- + H^+$ die Ionisation an
der Oberfläche besorgen könnte. Dies ließ sich durch die folgenden Beobachtungen in hohem Maße wahrscheinlich machen. 1. Flockungen des
Sols mit Erdalkalisatz, z. B. des Bariums, werden beim Trocknen rot
und zeigen die Löslichkeitsverhältnisse eines Überzugs von Bariumsulfarsenit. Beim Auszug mit H_2O verschwindet die rote Farbe der Flockung
allmählich und es bleibt gelbes As_2S_3 übrig. Dagegen ist im Auszug
sowohl Ba als auch mit H_2S fällbares Arsen nachweisbar. 2. Sehr lehrreich ist der Vergleich der Löslichkeiten von gewaschenem Solkoagulat
und reinem gewaschenem As_2S_3 bei mehrtätigem Stehen mit Wasser.
Die Löslichkeit wird durch die Leitfähigkeit des mit dem Bodenkörper
in Berührung gestandenen Wassers angezeigt. Die obige Abb. 18 läßt
die großen Unterschiede sehr deutlich hervortreten. 3. Die Flockungen
des Sols mit verschiedenen Metallsalzen zeigen in ihren Färbungen im
allgemeinen gute Übereinstimmung mit den betreffenden Sulfarseniten,
nicht aber mit den Sulfiden. Wir dürfen demnach die Solkonstitution als
gekennzeichnet durch den Neutralteil As_2S_3 und als ionogenen Anteil
die sulfarsenige Säure annehmen, von der nur ein Teil aktiv vorliegt.
Die von einer Ladung getragene Zahl As_2S_3-Moleküle schwankte bei einer
Reihe dieser Sole zwischen 26 und 422 und aus dem bei der Flockung
aufgenommenen Ba ermittelte sich, daß nur ein Viertel des ionogenen
Anteils aktiv war, ähnlich wie beim hydrolytoiden Eisenoxydsol. Wie
sollen wir uns nun die Entstehung der Solteilchen vorstellen? Es ist
durch eine Untersuchung Vorländers bekannt, daß in genügender Verdünnung der H_2S mit As_2O_3 keinen As_2S_3 Niederschlag, sondern eine
klare farblose Flüssigkeit gibt, die erst auf Säurezusatz oder bei weiterem
Einleiten von H_2S die Arsentrisulfidfällung gibt. Diese farblose Flüssig-

keit, deren H_2S mittels Durchblasen von indifferenten Gasen nicht entfernt werden kann, muß als eine Lösung von sulfarseniger Säure angesehen werden. Erst im Überschuß von H_2S zerfällt diese sulfarsenige Säure unter As_2S_3 Bildung, das immer wieder sulfarsenige Säure an seiner Oberfläche entstehen läßt. So könnten die Solteilchen unter steter Neubildung und folgendem Zerfall ihrer eigenen sulfarsenigen Säure wachsen, solange es die Konzentrationsverhältnisse von As_2O_3 und H_2S gestatten. Auch beim hydrolytisch gebildeten Eisenhydroxydsol sehen wir, daß der Weg zum Neutralteil, dem unlöslichen Hydroxyd, über den ionogenen Anteil, z. B. das Oxychlorid, führt und man kann allgemein sagen, daß bei gleichmäßigem Ablauf des Vorganges die Solteilchen an ihrer Oberfläche die Produkte des noch unvollständigen, das Sol erzeugenden Prozesses, z. B. der Hydrolyse, der Substitution oder, wie wir sehen werden, auch der Reduktion tragen, während die Neutralteile ihres Kernes das Ergebnis des gleichen, jedoch weiter fortgeschrittenen oder bis zum Ende gegangenen Prozesses darstellen. Die angeführten, noch an anderen Beispielen leicht zu vermehrenden Befunde zeigen, daß grundsätzlich die gleiche Auffassung den Bau und das Verhalten sowohl der positiven Metalloxydsole als auch der negativen Sulfidsole verständlich macht.

Die bisher betrachteten Soltypen bieten der chemischen Untersuchung ein immerhin noch günstiges Objekt, da sie in relativ hohen Konzentrationen erhältlich sind, z. B. mit einem Gehalt von 0·75 g-Mol As_2S_3 im Liter. Die aktiven Gegenionen bewegen sich hier in Konzentrationen bis fast $3·10^{-4}$ n und beim Eisenhydroxydsol selbst bis $1·10^{-2}$ n. Die Verhältnisse werden sofort, schon infolge des sehr geringen Solgehaltes, außerordentlich schwierige, sobald wir zu den Edelmetallkolloiden übergehen. In der Tat sind die Hindernisse, die hier der Erforschung der Solkonstitution entgegenstehen, so bedeutende, daß sie auf direktem Wege kaum überwindbar erscheinen. Aber gerade an dem Beispiele der Edellmetallsole mußte es sich zeigen, wie weit den vorgebrachten Anschauungen ein allgemeiner Charakter zugesprochen werden kann. Unter den Edelmetallsolen ist das von M. Faraday zuerst dargestellte kolloide Gold wegen seiner prachtvollen rubinroten Farbe, des charakteristischen Umschlags in Blau, welcher die beginnende Flokkung anzeigt, und wegen seiner mannigfachen Reaktionsfähigkeit eines der schönsten und insbesondere von R. Zsigmondy in grundlegenden Arbeiten erforschten Kolloide. Nach der herrschenden, von diesem Autor selbst vertretenen Anschauung sollen die kolloiden Goldteilchen ausschließlich aus dem reinen Metall bestehen. Diese Vorstellung stützt sich im wesentlichen auf zwei Tatsachen: 1. daß es in älteren und auch in neuen mit allen Kautelen ausgeführten Versuchen nicht gelungen ist, im ausgeflockten Golde merkliche Mengen von O nachzuweisen und 2. auf die Röntgenaufnahme nach dem Debye-Scherrerschen Verfahren, welche auch in den kolloiden Goldteilchen nur das Röntgenogramm des metallischen Goldes ergab. Vom chemischen Standpunkt sind jedoch die meisten Reaktionen des Goldsols so gut wie unverständlich, sobald man dasselbe ausschließlich aus dem reinen Metall bestehend annimmt. Denn das kolloide Gold sollte eine außerordentliche Reaktionsfähigkeit schon z. B. mit den Ionen der einfachsten Neutralsalze, mit sehr reinen Eiweißkörpern, mit Kohlensäure aufweisen, von denen es zum Teil in minimalen Konzentrationen geflockt wird. Aber das so ausgeflockte, reine Metall müßte zugleich die ihm sonst fremde Löslichkeit in Spuren von Ammoniak besitzen, das in diesen Fällen wieder das rote Sol aus dem Gel herstellt. Die Frage nach dem Aufbau des kolloiden Goldes erhält jedoch eine andere Beleuchtung, sobald im Sinne unserer Auffassung die Möglichkeit erwogen wird, daß hier neutrale Aggregate von Goldatomen durch eine oberflächliche Hülle einer ionogenen, komplexen Goldverbindung ihre Ladung empfangen. Diese ionogene Hülle könnte sehr wohl der Träger einer bedeutenden Reaktionsfähigkeit und Empfindlichkeit sein und es wäre dabei gar nicht zu erwarten, daß diese molekulare Schichte im Röntgenbilde zum Ausdrucke kommen und das Röntgenogramm des elementaren Goldes im Teilchenkern merklich beeinflussen wird. Man kann die experimentelle Prüfung dieser Auffassung des Aufbaues des Goldsols auf zweifache Weise versuchen: Durch Bestimmung der vorhandenen Gegenionen und durch den direkten Nachweis der ionogenen Komplexe. Eine Grundbedingung aller dieser Versuche ist die Herstellung möglichst reiner Goldsole. Das bisher bestausgearbeitete Verfahren ist die Reduktion mittelst Formols in alkalischer Lösung, wobei der Formaldehyd in das Formiat übergeführt wird. Solche Sole sind sehr elektrolythaltig. Man kann sie nun mittelst unseres Faltendialysators rasch bis fast zur Leitfähigkeit eines ziemlich reinen Wassers, etwa 4 bis $5 \cdot 10^{-6}$ r. O., reinigen. Aus dieser Leitfähigkeit errechnet sich ein Gehalt an Elektrolyt von der Größenordnung 10^{-5} n und damit sind die Genauigkeitsgrenzen für die notwendigen Analysen gegeben. Es erweist sich eben als ein bisher kaum beachteter Kardinalpunkt in der Untersuchung der Edelmetallsole, daß sie eine Chemie der Größenordnung 10^{-5} n und darunter ist und damit war erst die Einstellung der passenden Methoden ermöglicht. Infolge der Herstellung des Formolgoldes in Anwesenheit von K_2CO_3 kommen hier lediglich K-Ionen als Gegenionen der negativen Kolloidteilchen in Betracht, nachdem sich im Flockungsfiltrat des gereinigten Sols auch mit den feinsten Methoden kein Au nachweisen ließ. Bei der zu erwartenden Konzentration war jedoch an eine Bestimmung der K-Ionen nicht zu denken. Hier half uns die folgende Beobachtung. Wir wissen von den Oxyd- und Sulfidsolen, daß ihre ionogenen Komplexe infolge der Dialyse einer fortschreitenden Hydrolyse unterliegen, wobei z. B. die hydrolytisch gebildete Salzsäure unseres Eisenoxydsols durch das Pergamentpapier abwandert. Würde nun beim Goldsol etwa das Kaliumsalz eines Auratkomplexes (im Wernerschen Sinne) den ionogenen Anteil bilden, so könnte die Hydrolyse zur Abgabe von KOH unter Entstehung der freien Goldsäure an den Teilchen führen. In der Tat hat sich bei systematischem Suchen der Nachweis erbringen lassen, daß mit fortschreitender Dialyse freie H-Ionen im ursprünglich alkalischen Goldsol auftreten, welche schließlich einen maximalen Wert erreichen. H-Ionen lassen sich in der hier gegebenen Konzentration noch recht gut mit Hilfe der angegebenen Mikroleitfähigkeitstitration messen und wir konnten auf diese Weise eine befriedigende Übereinstimmung der titrierten, der aus der Leitfähigkeit des hochgereinigten Sols berechneten und der im Flockungsfiltrat potentiometrisch bestimmten H-Ionen erzielen. Die H-Ionenkonzentration der reinsten Goldsole bewegt sich um $1 \cdot 10^{-5}$ n. Diese Erscheinung erwies sich bei sorgfältigem Arbeiten als vollständig konstant und reproduzierbar. Ihre genaue Kenntnis erschien uns jedoch für die Verallgemeinerung unserer Kolloidtheorie von so großer Wichtigkeit, daß dem ganzen Vorgange in den letzten zwei Jahren eine Reihe überaus sorgfältiger Versuche gewidmet wurde. Der Einfluß des Glases, des Pergamentpapieres, der Dialysedauer, der Reinheit des Wassers auf die möglichst vollständige Analyse der Sole wurde (durch die Mithilfe eines vorzüglichen Mikroanalytikers Herrn Dr. Ing. L. Fuchs) geprüft. Als Ergebnis dieser mühevollen Untersuchungen darf man die vollkommene Sicherstellung der H-Ionen als Gegenionen der Teilchen im reinsten Goldsol betrachten. Es gelang schließlich durch die Ausarbeitung eines Reduktionsverfahrens mit Wasserstoff schöne, tiefrote Sole zu erhalten mit einem Goldgehalt von über 50 *mg* pro Liter, die nur mehr einen Aschegehalt von 0·2 bis 0·5 *mg* pro Liter ergaben. Hier durfte auch die allgegenwärtige Kieselsäure als etwaige Quelle der H-Ionen oder ionogener Komplexe mit voller Sicherheit ausgeschlossen werden. Die folgende Abb. 19 zeigt eine Konduktotitrationskurve eines solchen reinsten Sols mit 54·4 *mg* Gold, dessen Teilchen, im Ultramikroskop bestimmt, eine Kantenlänge von 23·65 μμ besaßen. Es hatte eine H-Ionenkonzentration von $1 \cdot 18 \cdot 10^{-5}$ n.

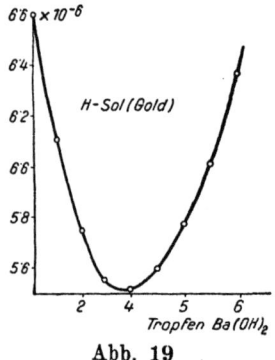

Abb. 19

Wahrscheinlich spielt bei dem Vorgange des H-Ionenabtausches im Sol während der Dialyse eine andere Säure noch eine gewisse Rolle, die Kohlensäure des Wassers. Wiewohl nämlich ein gutes destilliertes Wasser keine mit unseren Methoden titrierbaren H-Ionen enthält, wird man seine geringe Leitfähigkeit nach den klassischen Versuchen von Kohlrausch und Heydweiller im Hauptanteil Spuren von gelöster Kohlensäure zuschreiben dürfen, die in Form der Ionen H^+ und HCO_3^- vorliegt. Bei unseren Solen handelt es sich in einem vorgeschritteneren Stadium der Dialyse um eine Elektrolytkonzentration von der Größenordnung 10^{-5} n und da kann der geringe CO_2-Gehalt des Wassers dadurch merklich werden, daß nach dem Donnanschen Prinzip H-Ionen des Außenwassers zu den adialysablen, negativen Kolloidionen des Goldes wandern und dafür etwa vorhandene K-Ionen hinausdrängen. Dieser vermutlich sehr geringfügige Prozeß wird aber dadurch potenziert, daß mit jedem Wechsel des Außenwassers die K-Ionen entfernt und wieder durch neue, wenn auch sehr kleine Mengen H-Ionen ersetzt werden. Es erscheint gar nicht ausgeschlossen, daß diese sich kumulierende Wirkung nach dem Donnanschen Prinzip in unserem Falle sogar den Hauptanteil des ganzen Austausches der Gegenionen am Golde besorgt.

Unüberwindbar waren bisher die Schwierigkeiten bei der Fassung der ionogenen Komplexe. Eines konnte sichergestellt werden: am geflockten und gewaschenen Gel haftet stets chemisch gebundenes Wasser, das auch bei 125⁰ nicht fortgeht. Es berechnete sich mit sehr geringen Schwankungen aus neun Analysen zu 1 Mol. H_2O auf 15 Atome Gold und da das Wasser nur an der Oberfläche festgehalten wird, so ist sicher die ganze Teilchenoberfläche des Gels dicht mit Wassermolekülen bedeckt. Etwas analoges ist wohl um so mehr beim ungeflockten Sol selbst zu erwarten und wir möchten daher das Bestehen von Aquokomplexen im Sinne Werners für sehr wahrscheinlich halten. Aber es ist beim kolloiden Golde, und das scheint uns ein entscheidender Punkt, nicht möglich, die Solteilchen im Gel unverändert zur Analyse zu bekommen. Das geflockte und gewaschene Gel erweist sich nicht nur als vollständig frei von Cl und O, sondern es ist auch nicht möglich, darin selbst nur eine Spur des fällenden Kations, etwa Ba oder Al, auch mit den empfindlichsten Methoden nachzuweisen. Diese Eigenschaft einer Zerlegbarkeit und irreversiblen Änderung des Koagulates teilt das Gold nicht nur mit anderen Edelmetallsolen, sondern auch bis zu einem gewissen Grade mit manchen Sulfidsolen. In dieser Hinsicht steht es an dem einen Ende einer Reihe, während etwa das Eisenhydroxydsol, welches die eingetretenen flockenden Anionen quantitativ festhält, an dem anderen Ende dieser Reihe sich befindet. Auf Grund des gelungenen Nachweises adialysabler H-Ionen im hochgereinigten Goldsol, das in einer ursprünglich schwach alkalischen Lösung hergestellt wurde, halten wir jedoch den Schluß für berechtigt, daß das Gold seine Ladung von einer komplexen, oberflächlich anhaftenden Goldsäure empfängt. Mit dieser Annahme, für die noch eine Reihe weiterer Erfahrungen sprechen, verschwinden sämtliche Schwierigkeiten, welche die Eigenschaften des kolloiden Goldes einer chemischen Erklärung bereitet haben. Unsere Auffassung findet nun eine kräftige Unterstützung in einer Reihe von Untersuchungen an Silbersolen.

Hier liegt eine überaus wichtige ältere Arbeit V. Kohlschütters vor, der sein Sol durch Reduktion des schwach löslichen Silberoxyds Ag_2O mittels durchgeleiteten Wasserstoffs herstellte. Dieses Silberoxyd ist zu 64·3% als Base in Ag^+ und OH^- ionisiert und Kohlschütter nahm damals an, daß diese OH^--Ionen von reduziertem Ag-Keimen aufgenommen werden und den Teilchen ihre negative Ladung erteilen. Aber gerade diese Erklärung ist mit der Erfahrung schwer vereinbar, daß von Silber vor allem etwa in der Lösung vorhandene positive Ag-Ionen adsorbiert werden, wie dies von v. Euler selbst für das blanke Metall nachgewiesen werden konnte. Das würde jedoch eine positive Aufladung ergeben und so mußte die Frage nach dem Ursprung der negativen Ladung des Silbersols neu geprüft werden. Kohlschütter hatte seine Sole mit Kippwasserstoff aus H_2SO_4 und Zn hergestellt und ihre Bildung in der Ag_2O-Lösung erfolgte bei 60° C innerhalb 8 bis 12 Stunden. Als wir jedoch mit A. Erlach den H_2 durch extremes Waschen in Metallsalzlösungen reinigten, verschob sich die Solentstehung in die dreißigste Stunde und war überaus schwach. Nun wurde statt des Kippwasserstoffs sorgfältig gewaschener Elektrolyt-H_2 genommen und die Solbildung blieb vollständig aus. Es erhob sich somit die Frage, welcher Bestandteil des Kipp-H_2 bei der Solbildung mitwirkt. Nach unseren anderweitigen Erfahrungen läßt es sich auch mit den reinsten Reagenzien nicht vermeiden, daß hier durch den H_2 in statu nascendi die vorhandene H_2SO_4 spurenweise zu H_2S reduziert wird und in der Tat ist es gelungen, ausnahmslos und ausschließlich bei den mit Kippwasserstoff hergestellten Silbersolen in geflocktem Gel mittels eines hochempfindlichen Mikroapparates Sulfidschwefel nachzuweisen. Mit Elektrolytwasserstoff dagegen ließen sich nur dann Sole herstellen, wenn man zum Silberoxyd etwas Alkalikarbonat zufügte oder den H_2 vor dem Einleiten eine Lösung von NH_3 oder Alkalilauge passieren läßt, wobei feine Tröpfchen mitgenommen werden.

Wir können nach diesen Versuchen sagen, daß Solbildung in unserem Falle nur dann erfolgt, wenn ionogene Sulfargentat- oder Argentatkomplexe entstehen können. Als Gegenion kann in der ursprünglichen Lösung nur das Ag-Ion selbst in Betracht kommen. Behandelt man ein frisch hergestelltes Sol mit H_2 in der Platinschale, so werden die Ag-Ionen zu Ag reduziert und auf dem Platin niedergeschlagen, während zugleich an ihre Stelle H-Ionen treten, die mittelst der *Leitfähigkeitstitration* direkt nachgewiesen werden können. Es ist aber auch wie beim Gold gelungen, durch energische Dialyse das Silbersol in ein Sol mit H-Ionen als Gegenionen umzuwandeln, bis schließlich die titrierbaren und die aus der Solleitfähigkeit berechneten H-Ionen befriedigend übereinstimmten.

Am Golde läßt sich wiederum das Analogon zu dem am Silber beobachteten Ausbleiben der Solbildung finden, sobald die notwendige Konzentration negativer ionogener Komplexe nicht vorhanden ist. Sowohl mit frischem Goldhydroxyd als auch mit genau bis zur Bildung von solchem alkalisierter Goldchlorwasserstoffsäure blieb eine nennenswerte Solbildung durch Elektrolytwasserstoff aus und trat erst ein, wenn das zugesetzte Alkali auch zur Herstellung von Aurat ausreichte.

Noch an einer anderen Silbersoltype ließ sich die Konstitution der Solteilchen im Prinzip aufklären. Stellt man nämlich das Silbersol durch Reduktion von ammoniakalischer Chlorsilberlösung mit Hydrazinhydrat her, so können hier nur Bestandteile auftreten, die mit Mikromethoden analytisch gut bestimmbar sind, nämlich NH_4 und Cl neben Ag. Hier ist das AgCl von vornherein in Form eines komplexen Silbersalzes, z. B. $Ag(NH_3)_2{}^+ \cdot AgCl_2{}^-$ in Lösung und es ist kein Zweifel, daß der negative Komplex $AgCl_2{}^-$ oder ein analog gebauter die Aufladung besorgt, da sich auch im hochgereinigten Sol AgCl als regelmäßiger Bestandteil der Solteilchen nachweisen läßt. Das Gegenion wechselt mit fortschreitender Dialyse, indem bei länger anhaltender Leitfähigkeitskonstanz schließlich nur NH_4-Ionen vorhanden sind, die sich durch Mikro-Kjeldhal bestimmen lassen und mit den Kolloidionen die Leitfähigkeit des Sols tragen. Bei weiterer Fortführung der Dialyse werden die NH_4-Ionen unter Leitfähigkeitsanstieg durch H-Ionen substituiert, bis schließlich diese als die alleinigen Gegenionen vorliegen und ihre titrimetrische Messung mit der aus der Solleitfähigkeit abgeleiteten Größe praktisch übereinstimmt.

Es hat sich bisher bei allen negativen Solen durch fortschreitende Reinigung die Überführung in Sole mit H^+ als Gegenionen durchführen lassen und wir können in diesem Stadium solche Sole als Azidoide bezeichnen. Die Azidoide selbst darf man zweckmäßig in primäre und sekundäre einteilen, je nachdem sie die H-Ionen schon von ihrer Herstellung besitzen, wie etwa das As_2S_3 Sol, oder durch einen nachträglichen Abtausch, z. B. infolge von Membranhydrolyse, erlangt haben. Die leichte Meßbarkeit der H-Ionen führt dann in den reinen Solen unmittelbar zur Kenntnis der Gegenionenkonzentration und damit der Kolloidladungen. Man kann es versuchen, aus der ultramikroskopischen Teilchenzählung und der H-Ionenkonzentration unserer reinsten Goldsole die auf ein Teilchen entfallende Ladungszahl zu entnehmen. Diese, wie wir nun wissen, scheinbare Ladungszahl schwankte je nach der Teilchengröße zwischen 20.000 und 60.000 und die Berechnung der an der Teilchenoberfläche befindlichen Goldatome, welche als Träger der aufladenden Komplexe funktionieren können, zeigt, daß auf der Oberfläche für beinahe doppelt soviel oder etwas mehr ionogene Komplexe Platz ist als nach der Ladungszahl aktiv vorhanden sein müssen, selbst wenn man nicht berücksichtigt, daß, wie schon erwähnt, unsere Ladungszahl infolge des noch vorhandenen invisiblen Goldes im allgemeinen zu groß gefunden wird. Das Ergebnis dieser Untersuchungen deckt sich also durchaus mit dem bei den peptoiden Eisenoxydsolen gewonnenen. Die Dissoziation der oberflächlichen ionogenen Komplexe ist die physikalisch-chemische Grundlage jener elektrischen Doppelschicht, deren Theorie zuerst von Helmholtz entwickelt worden ist und die wir heute am besten auf Grund der allgemeinen Elektrolyttheorie betrachten.

Auf die ganz bedeutungsvolle Rolle der Ladungszahl für verschiedene physikalisch-chemische Eigenschaften der Sole möchte ich im Rahmen dieser Ausführungen nicht näher eingehen und in der Reihe der Edelmetallsole nur ganz kurz noch jene erwähnen, die durch elektrische Zerstäubung nach dem Bredigschen Verfahren im Lichtbogen zwischen den betreffenden Metalldrähten hergestellt werden. Sehr sorgfältige Untersuchungen an unserem Institute mit F. Perlak haben ganz in Übereinstimmung mit unserer Anschauung gezeigt, daß es unter keinen Umständen in einer Feinsilberschale zwischen Feinsilberelektroden und mit reinstem Wasser gelingt, auch nur für mehrere Tage stabile Silbersole zu erzielen und daß die Anwesenheit von kleinen Alkalikonzentrationen, die man bisher nur die Silbersolentstehung für begünstigend gehalten hat, eine unerläßliche Bedingung für dieselbe darstellt. Wir müssen uns nach unseren Ergebnissen den ganzen Vorgang so denken, daß im Momente der Zerstäubung an der Kathode durch gleichzeitige Elektrolyse eine zur

Bildung von Argentatkomplexen aus dem im Bogen entstandenen oberflächlichen Silberoxyd nötige Alkalimenge vorhanden sein muß, welche die Aufladung und damit die Solstabilität der Silberteilchen bewirken. Genügend feinteilige Bredig-Sole werden deshalb wie die anderen Edelmetallsole durch Dialyse in Azidoide, also mit H als Gegenionen der Kolloidionen übergehen. Die folgende Abbildung 20 zeigt ihnen an den Leitfähigkeitstitrationskurven die allmähliche Zunahme der H-Ionen durch Dialyse bis zu einem konstanten maximalen Wert. Wir verstehen es nun auch, weshalb es nicht möglich sein kann, durch elektrische Zerstäubung im Gasraum und Einblasen der Dispersion in Flüssigkeit reine, stabile Sole zu erzielen, ebensowenig wie durch noch so energische mechanische Zerstäubung stabile Sole zu gewinnen sind, ohne daß durch Zusatz von Pepti-

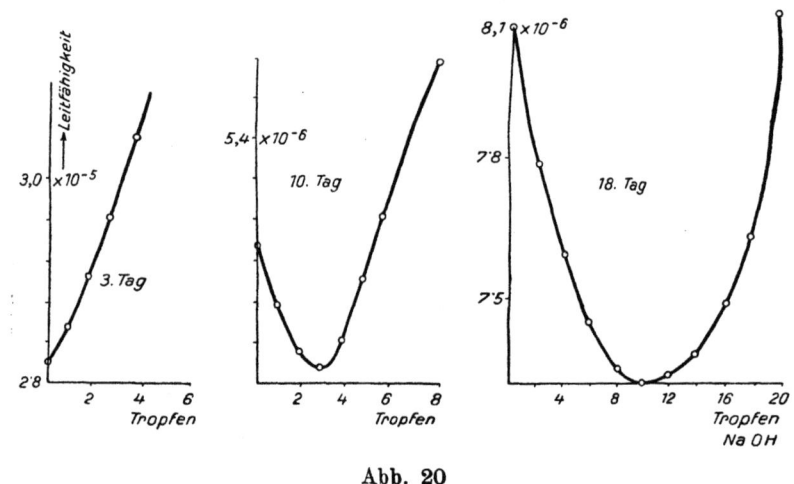

Abb. 20

satoren die Vorbedingung für die Erzeugung von ionogenen aufladenden Komplexen auf der Teilchenoberfläche erfüllt ist.

Als letzte und eigenartige Type unter den anorganischen Solen sei hier noch die kolloide Kieselsäure angeführt, der wir in den letzten zwei Jahren mit H. Emerich Valkó eine nähere Untersuchung gewidmet haben. Es liegen hier drei Möglichkeiten der Herstellung vor: 1. Behandlung von Alkalisilikat mit HCl und Dialyse nach Graham, 2. Verseifung des Kieselsäuremethylesters nach Grimaux und 3. Zersetzung von Siliziumtetrachlorid nach Ebler und Fellner. Bisher war weder eine Bestimmung der Gegenionen dieses Sols ausgeführt noch auch nur ein Sol erzielt worden, das eine konstante Eigenleitfähigkeit besaß, die also nicht auf verunreinigende Elektrolyte zu beziehen war. Durch Dialyse Grahamscher Sole in unserem Faltendialysator ist es nun gelungen, solche von vollständig auch durch längere Zeit konstant bleibender Leitfähigkeit zu erzielen, welche aber meist keine H-Ionen, sondern Alkaliionen als Gegenionen enthalten. Diese Alkaliionen werden von der starken

Kieselsäure festgehalten und unterliegen nur sehr langsam einer merklichen Hydrolyse. Dagegen fanden wir einen einfachen Weg, das Kieselsäuresol rasch und vollständig in ein reines Azidoid mit konstanten H-Ionen zu überführen, das ist die Elektrodialyse. Die so gewonnenen Sole zählen zu den bestdefinierten und elektrochemisch charakterisierten, die wir kennen. Man kann hier die H-Ionen auf drei Wegen, nämlich direkt potentiometrisch, dann aus der beobachteten Leitfähigkeit und schließlich mittelst Leitfähigkeitstitration bestimmen, und zwar nach einer einfachen Formel, welche den dabei erfolgenden Abtausch der aktiven H-Ionen durch das Alkaliion der Titrierlauge quantitativ berücksichtigt. Die folgende Tabelle zeigt an einigen Beispielen, wie befriedigend die Übereinstimmung der auf so ganz verschiedene und unabhängige Weise erzielten Werte von C_H ist.

In der Tabelle ist gleich die Zahl der SiO_2-Moleküle angeführt, die auf eine Ladung entfallen. Sie ist in der Regel sehr hoch, aber praktisch nach oben kaum zu begrenzen, da das Kieselsäuresol selbst im isoelektrischen Punkte, also ohne einsinnige Aufladung, lösungsstabil ist. Auch bei der elektrodialysierten Kieselsäure, die scheinbar nur aus einer Molekülart aufgebaut ist, müssen wir uns den ionogenen Anteil verschieden denken vom neutralen, indem der erstere in der echten Säureform, wie sie in den Silikaten vorhanden ist, der letztere wahrscheinlich als nichtionogene Pseudoform vorliegt.

Tabelle 3

Sol	Dialyse Tage	ED Stunden	$\%\,SiO_2$	$K \cdot 10^6$	C_H (pot.)	C_H (titr.)	C_H (aus K)	Moleküle SiO_2 auf eine Ladung
III c	10	48	0·75	80·6	21·1	20·3	21·7	600
IV c	24	72	0·52	29·3	7·2	7·2	7·9	1400
VIII b	12	24	6·34	341·6	84·6	86·6	92·0	1400
VIII d	21	24	3·38	195·9	47·7	49·4	52·8	1200
X b	25	8	1·28	129·6	32·7	29·6	32·2	780

Wir wollen uns im engen Rahmen unserer Darlegungen auf die vorgeführten Beispiele beschränken, aber ich glaube, daß dieselben eine gemeinsame Sprache sprechen. In allen Fällen muß der Ursprung der Teilchenladung der Kolloide in ionogenen Komplexen gesucht werden, welche die Oberfläche der Teilchen mehr oder weniger vollständig bedecken können. Diese ionogenen Komplexe sind die eigentlichen Träger der für die Kolloide als typisch geltenden Reaktionen. Ihr hydrolytischer Umbau, ihre Ablösung vom Aggregat der neutralen Moleküle oder die Ionensubstitutionsreaktionen an ihnen bewirken Entladung und Ausflockung der Kolloide und es kann keinem Zweifel unterliegen, daß die Kenntnis ihrer Masse und ihrer Konstanten auch die Anwendung des Massenwirkungsgesetzes auf die Kolloidreaktionen gestatten würde. Auch dem Neutralteile fällt eine Rolle bei diesen Reaktionen zu. Zunächst schon, indem er die primären, oft in extremsten Verdünnungen sich abspielenden Vorgänge an den ionogenen Komplexen durch die begleitenden Dispersitätsänderungen und Flockungen vergröbert und sinnfällig macht. Aber die neutralen Moleküle üben auch durch ihre elektrostatischen Wechselbeziehungen einen Einfluß auf die Reaktionskonstanten der ionogenen Komplexe aus und in dieser Art kann eine weitherzige moderne Betrachtungsweise in dem ganzen Solteilchen selbst einen höheren Komplex im Sinne der Werner-Kosselschen Anschauungen erblicken. Mannigfaltige Erfahrungen sprechen dafür, daß die Beständigkeit der verschiedenen komplexen Säuren bei unseren Azidoiden oft erst durch die Wechselwirkung mit dem angelagerten neutralen Molekül, z. B. As_2S_3 oder Sb_2S_3, soweit erhöht ist, daß sie hier als freie Säuren bestehen. Das dürfte im besonderen Maße für die schwer, wenn überhaupt faßbaren Argentat- und Auratkomplexe an den kolloiden Edelmetallen gelten, die so leicht einer irreversiblen Umwandlung unterliegen.

Wir haben in unseren Betrachtungen einen mehr chemischen Standpunkt in den Vordergrund gestellt und glauben auch, daß er in der folgenden Entwicklung der Kolloidchemie noch viel Raum einnehmen wird. Das bedeutet jedoch keinen Gegensatz zu den Ergebnissen der physikalischen Erforschung der Kolloide, der wir so ungewöhnlich interessante und weittragende Entdeckungen verdanken. Im Gegenteile, wir dürfen es nach der jüngsten Entwicklung der Beziehungen von Chemie und Physik wohl annehmen, daß dieselben auch auf dem Gebiete der Kolloide stark zur Geltung kommen werden. In der Tat weisen alle neueren Arbeiten an unserem Institute dahin, daß die Kolloidreaktionen in weit höherem Maße, als man dies bisher angenommen hat, die Verknüpfung elektrostatischer Wechselwirkungen und chemischer Konfiguration hervortreten lassen, ja daß sie, wie wir glauben, künftig berufen sind, in dieser Richtung vielfach als Modelle und Wegweiser für andere Gebiete der Chemie eine hervorragende Rolle zu spielen.

Verlag von Julius Springer in Berlin W 9

Die Eiweißkörper und die Theorie der kolloidalen Erscheinungen.
Von Dr. Jacques Loeb †, Mitglied des Rockefeller Instituts für Medizinische Forschung New York. Übersetzt von Dr. Carl van Eweyk, Berlin. Mit 115 Abbildungen. (306 S.) 1924.
RM 15.—; gebunden RM 16.50

Aus dem Inhaltsverzeichnis:

Erster Teil. Kristalloide und kolloidale Eigenschaften der Eiweißkörper. Erstes Kapitel. Historische Einleitung. — Zweites Kapitel. Die qualitative Prüfung für die Richtigkeit der chemischen Betrachtungsweise. — Drittes Kapitel. Die Methoden zur Bestimmung des isoelektrischen Punktes von Eiweißlösungen. — Viertes Kapitel. Quantitative Prüfung der Richtigkeit der chemischen Betrachtungsweise. — Fünftes Kapitel. Elektrische Ladung und Stabilität der Suspensionen und Emulsionen. — Sechstes Kapitel. Der kristalloide Charakter wässeriger Lösungen bestimmter Proteine. — Siebentes Kapitel. Die Valenzregel und die angeblichen Hofmeisterschen Reihen. — Achtes Kapitel. Die Beeinflussung der physikalischen Eigenschaften durch Neutralsalze. — Neuntes Kapitel. Die Unzulänglichkeit der gegenwärtigen Theorien des kolloidalen Zustandes. Zweiter Teil. Theorie der kolloidalen Eigenschaften der Eiweißkörper. Zehntes Kapitel. Einleitende Bemerkungen über die Theorie. — Elftes Kapitel. Die Membranpotentiale. — Zwölftes Kapitel. Der osmotische Druck. — Dreizehntes Kapitel. Die Quellung. — Vierzehntes Kapitel. Die Viscosität. — Fünfzehntes Kapitel. Die Viscosität (Fortsetzung). — Sechzehntes Kapitel. Der osmotische Druck, die Viscosität und die Membranpotentiale bei Anwesenheit von Gelatineaggregaten. — Siebzehntes Kapitel. Membranpotentiale und kataphoretische Potentiale bei Proteinen. — Achtzehntes Kapitel. Die Stabilität von Suspensionen fester Proteinteilchen und die Wirkungsweise von Schutzkolloiden. — Neunzehntes Kapitel. Membrangleichgewicht und Peptisation. — Zwanzigstes Kapitel. Einige Versuche mit Proteinlösungen in Alkohol-Wassermischungen. — Einundzwanzigstes Kapitel. Schlußbemerkungen. Autoren- und Sachverzeichnis.

Die Theorie der Emulsionen und der Emulgierung.
Von Dr. **William Clayton**, Schriftführer des Ausschusses für Kolloidchemie bei der „British Association". Mit einem Geleitwort von Prof. F. G. Donnan, Vorsitzender des Ausschusses für Kolloidchemie der „British Association". Deutsche, vom Verfasser erweiterte Ausgabe von Dr. L. Farmer Loeb. Mit 18 Abbildungen. (144 S.) 1924. RM 7.80; gebunden RM 8.70

Grundbegriffe der Kolloidchemie und ihre Anwendung in
Biologie und Medizin. Einführende Vorlesungen. Von Dr. **Hans Handovsky**, Privatdozent an der Universität Göttingen. Mit 6 Abbildungen. (72 S.) 1923. RM 2.20

Kolloidchemie des Protoplasmas. Von Dr. W. Lepeschkin,
früher Professor der Pflanzenphysiologie an der Universität Kasan, jetzt Professor in Prag. Mit 22 Abbildungen. (239 S.) 1924. (Monographien aus dem Gesamtgebiet der Physiologie der Pflanzen und der Tiere, siebenter Band.) RM 9.—

MIX
Papier aus verantwortungsvollen Quellen
Paper from responsible sources
FSC® C105338

If you have any concerns about our products,
you can contact us on
ProductSafety@springernature.com

In case Publisher is established outside the EU,
the EU authorized representative is:
**Springer Nature Customer Service Center GmbH
Europaplatz 3, 69115 Heidelberg, Germany**

Printed by Libri Plureos GmbH
in Hamburg, Germany